21世纪高等学校计算机教育实用规划教材

Flash动画制作基础

王　圆　杨玉英　主编

汤双霞　蒋华梅　徐桥秀　副主编

U0326168

清华大学出版社

北京

内 容 简 介

本教材从基础知识入手,章节安排遵循读者的学习规律,由浅入深,循序渐进地介绍了 Flash CS6 的基础知识和操作流程,详细阐述了动画制作的基本原理和相关技术。主要内容包括 Flash CS6 的基础知识和操作流程、绘制与编辑图形、素材导入、元件与库、逐帧动画制作、补间动画制作、传统补间动画制作、引导动画制作、遮罩动画制作、骨骼动画制作、ActionScript 3.0 交互式动画编程以及组件的应用等。

本书适合作为本科及高职高专院校的计算机、艺术设计专业教学用书,也可供对 Flash 感兴趣的读者自学使用,同时也可作为教育培训机构的参考教材。

图书在版编目(CIP)数据

Flash 动画制作基础/王圆、杨玉英主编.--北京:清华大学出版社,2015(2017.10 重印)
　21 世纪高等学校计算机教育实用规划教材
　ISBN 978-7-302-41497-1

Ⅰ.①F…　Ⅱ.①王…②杨…　Ⅲ.①动画制作软件-高等学校-教材　Ⅳ.①TP391.41

中国版本图书馆 CIP 数据核字(2015)第 212874 号

责任编辑:刘向威
封面设计:常雪影
责任校对:胡伟民
责任印制:王静怡

出版发行:清华大学出版社
　　　网　　　址:http://www.tup.com.cn,http://www.wqbook.com
　　　地　　　址:北京清华大学学研大厦 A 座　　　邮　　编:100084
　　　社 总 机:010-62770175　　　邮　　购:010-62786544
　　　投稿与读者服务:010-62776969,c-service@tup.tsinghua.edu.cn
　　　质 量 反 馈:010-62772015,zhiliang@tup.tsinghua.edu.cn
　　　课 件 下 载:http://www.tup.com.cn,010-62795954
印 刷 者:北京富博印刷有限公司
装 订 者:北京市密云县京文制本装订厂
经　　销:全国新华书店
开　　本:185mm×260mm　　　印　张:12.75　　　字　数:320 千字
版　　次:2015 年 10 月第 1 版　　　印　次:2017 年 10 月第 3 次印刷
印　　数:3001～4000
定　　价:29.00 元

产品编号:066010-01

前　言

　　Flash CS6 是一款功能强大的专业动画设计制作软件,由 Adobe 公司推出,它在动画制作、多媒体广告设计、游戏制作、交互式网站等方面被广泛应用,可以适用于台式计算机、平板电脑、智能手机和电视等多种设备。

　　本书从基础知识入手,章节安排遵循读者的学习规律,由浅入深,循序渐进地介绍了 Flash CS6 的基础知识和操作流程,详细阐述了动画制作的基本原理和相关技术。主要内容包括 Flash CS6 的基础知识和操作流程、绘制与编辑图形、素材导入、元件与库、逐帧动画制作、补间动画制作、传统补间动画制作、引导动画制作、遮罩动画制作、骨骼动画制作、ActionScript 3.0 交互式动画编程以及组件的应用等。

　　本书作者从事多年 Flash 教学工作,以“提高学生的实践能力,培养学生的职业技能”为宗旨,结合学生认知规律和教学特点进行设计,内容安排合理,理论与实践相结合,操作性和针对性较强,以典型实例导入,然后讲解相应知识点,再辅以实用性很强的拓展实训,培养学生分析问题和解决问题的能力。

　　本书由广东行政职业学院王圆、广东东软学院杨玉英担任主编,广州番禺职业技术学院汤双霞、广东行政职业学院蒋华梅、徐桥秀担任副主编。其中,王圆负责第 1、5、7 章的编写,杨玉英负责第 2、3、9 章的编写,汤双霞负责第 4 章的编写,第 6 章由杨玉英、汤双霞共同编写,第 8 章由蒋华梅、徐桥秀共同编写,全书由王圆统稿及校对。

　　为方便教师教学,本书配备了教学资源包,包括素材、所有实例的源文件、电子课件等。可通过清华大学出版社网站 www.tup.tsinghua.edu.cn 下载使用。

　　由于编者水平有限,书中错漏和不足之处在所难免,恳请广大读者批评指正。

编者

2015 年 6 月

目　录

VII

第1章　　Flash 基础知识

学习目标

- 了解 Flash CS6 软件。
- 了解 Flash 动画的应用领域。
- 熟悉 Flash CS6 的工作界面。
- 掌握逐帧动画的制作。

Flash CS6 是一款功能强大的二维动画设计制作软件,它在动画制作、广告设计、游戏制作等方面被广泛应用。本章主要介绍二维动画制作的基本原理,Flash CS6 软件的工作界面,并通过引入具体实例,介绍基本动画之一的逐帧动画制作流程。

1.1　Flash CS6 简介

Flash 的前身是 Future Wave 公司的 Future Splash,它是世界上第一个商用的二维矢量动画软件,用于设计和编辑 Flash 文档。1996 年 11 月,美国 Macromedia 公司收购了 Future Wave,并将其改名为 Flash。目前 Flash 已被 Adobe 公司收购。

Flash 的历史版本:

1995 年,Future Splash Animator 推出了 Future Splash。

1996 年 11 月,Macromedia 公司收购了 Future Wave,并将其改名为 Flash。

1997 年 6 月,Macromedia 公司推出 Flash 2.0,新版本引入了"库"的概念。

1998 年 5 月,Macromedia 公司推出 Flash 3.0。

1999 年 6 月,Macromedia 公司推出 Flash 4.0。

2000 年 8 月,Macromedia 公司推出 Flash 5.0,使用 Flash Play 5 播放器。

2002 年 3 月,Macromedia 公司推出 Flash MX,使用 Flash Play 6 播放器,添加了更多内建对象,引入了超频帧概念,也改进了 SWF 文件的压缩技术等。

2003 年 9 月,Macromedia 公司推出 Flash MX 2004,播放器版本 Flash Play 7,运行性能大大提高。

2005 年 9 月,Macromedia 公司推出 Flash 8,加入了滤镜效果,实现了对 GIF、PNG、位图的支持,使用新的视频编码等。

2007 年,Macromedia 公司已经被 Adobe 公司收购近一年。Adobe 公司推出 Flash CS3。

2008 年,Adobe 公司推出 Flash CS4。

2010 年,Adobe 公司推出 Flash CS5,增加 FlashBuilder、TLF 文本支持。

2012 年，Adobe 公司推出 Flash CS6，支持 HTML、3D 转换。

Flash 动画的应用领域主要表现在以下几个方面：

(1) 娱乐短片：这是当前国内最火爆，也是广大 Flash 爱好者最热衷应用的一个领域，就是利用 Flash 制作动画短片，供大家娱乐。这是一个发展潜力很大的领域，也是一个 Flash 爱好者展现自我的平台。

(2) 网站片头：精美的片头动画，可以大大提升网站的含金量。片头就如电视的栏目片头一样，可以在很短的时间内把自己的整体信息传播给访问者，既可以给访问者留下深刻的印象，同时也能在访问者心中建立良好印象。

(3) 广告：有了 Flash，广告在网络上发布才成为了可能，而且发展势头迅猛。根据调查资料显示，国外的很多企业都愿意采用 Flash 制作广告，因为它既可以在网络上发布，同时也可以存为视频格式在传统的电视台播放，一次制作，多平台发布，所以必将会得到更多企业的青睐。

(4) MTV：这也是一种应用比较广泛的形式。在一些 Flash 制作的网站，几乎每周都有新的 MTV 作品产生。

(5) 导航条：Flash 的按钮功能非常强大，是制作菜单的首选。通过鼠标的各种动作，可以实现动画、声音等多媒体效果，在美化网页和网站方面效果显著。

(6) 小游戏：利用 Flash 开发"迷你"小游戏，在国外一些大公司比较流行，他们把网络广告和网络游戏结合起来，让观众参与其中，大大增强了广告效果。

(7) 产品展示：由于 Flash 有强大的交互功能，所以一些大公司，如 Dell、三星等，都喜欢利用它来展示产品。用户可以通过方向键选择产品，再观看产品的功能、外观等，互动的展示比传统的展示方式更胜一筹。

(8) 应用程序开发的界面：传统的应用程序的界面都是静止的图片，由于任何支持 ActiveX 的程序设计系统都可以使用 Flash 动画，所以越来越多的应用程序界面应用了 Flash 动画。

(9) 开发网络应用程序：目前 Flash 已经大大增强了网络功能，可以直接通过 XML 读取数据，又加强了与 ColdFusion、ASP、JSP 和 Generator 的整合，所以用 Flash 开发网络应用程序肯定会越来越广泛地被采用。

1.2　动画基本原理

动画是指连续播放一系列画面，给视觉造成运动的错觉。医学证明，人类的大脑具有"视觉暂留"的特性，即人眼在观察景物时，经过一段短暂的时间，视觉形象并不立即消失，这一现象被称为"视觉暂留"。出现这一现象的原因是，人类的视神经反应速度是二十四分之一秒，这也是动画、电影等视觉媒体形成和传播的根据。

Flash 动画制作流程大体上可以分为四步：新建 Flash 文件、编辑场景、保存影片和测试与发布影片。俗话说"工欲善其事必先利其器"，在着手制作动画之前，我们首先需要熟悉 Flash CS6 软件的操作界面。

1.3 工作界面

启动 Flash CS6 软件,新建"ActionScript 3.0"文档,进入操作界面,如图 1-1 所示。包括标题栏、菜单栏、工具箱、时间轴、舞台、属性面板和其他各种浮动面板等。

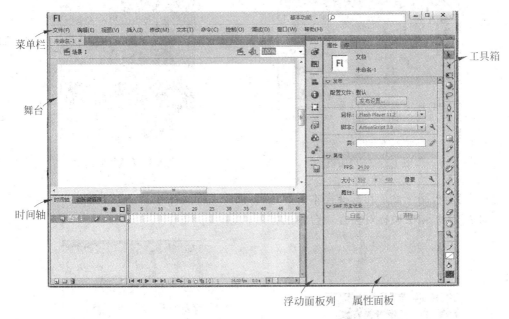

图 1-1　Flash CS6 工作界面

1. 菜单栏

菜单栏位于标题栏的下方,几乎包括 Flash CS6 的所有命令,分门别类共有 11 个主菜单项,分别是【文件】、【编辑】、【视图】、【插入】、【修改】、【文本】、【命令】、【控制】、【调试】、【窗口】和【帮助】。每个主菜单项的下拉菜单中又包含了各种操作命令和选项。

2. 舞台

舞台是播放 Flash 影片时用户可以看到的区域。它包含各种动画元素,如文本、图像、视频等。

3. 工具箱

工具箱位于舞台最右侧,也可以将其拖曳到其他任意位置。将鼠标悬浮在工具箱的图标上,可显示对应工具的名称。某些图标的右下角有三角形标记,表示工具组中有更多工具可供选择。选择方法是长按鼠标左键,待弹出更多工具后单击鼠标选择。

4. 时间轴

用于管理动画中的图层与帧。

5. 【属性】面板

属性用于显示和编辑文档或对象。根据选择的对象不同,属性面板的参数也各不相同。如果没有选择任何对象,属性面板则显示文档的相关信息,可以设置文档的尺寸、背景色和帧频等。

6. 其他面板

【库】面板用于保存 Flash 动画中的元件和导入的文件,如图 1-2 所示。

【颜色】面板用于设置对象的颜色属性,包括笔触颜色和填充颜色及颜色类型,如图1-3所示。

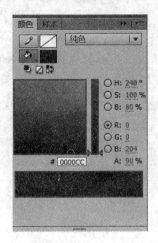

图1-2　【库】面板　　　　　　　　　　图1-3　【颜色】面板

【样本】面板用于显示和选择样本的颜色,如图1-4所示。

【对齐】面板用于调整对象在舞台中的排列,如图1-5所示。

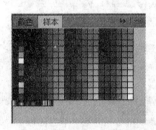

图1-4　【样本】面板　　　　　　　　　图1-5　【对齐】面板

【信息】面板用于显示所选对象的大小、颜色和位置,如图1-6所示。

【变形】面板用于对选中的对象进行缩放、旋转、倾斜等操作,如图1-7所示。

图1-6　【信息】面板　　　　　　　　　图1-7　【变形】面板

【动作】面板用于创建或编辑对象或帧的动作,交互动画中编写的动作脚本即在此面板中编辑,如图 1-8 所示。

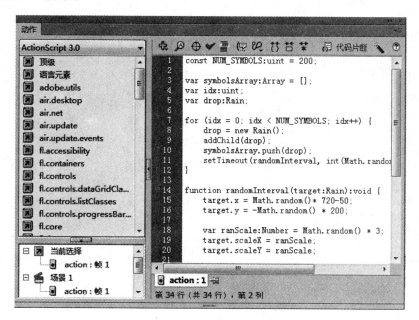

图 1-8 【动作】面板

1.4 实例引入——蝴蝶扇动翅膀

任务场景:制作"蝴蝶扇动翅膀"动画,最终效果如图 1-9 所示。

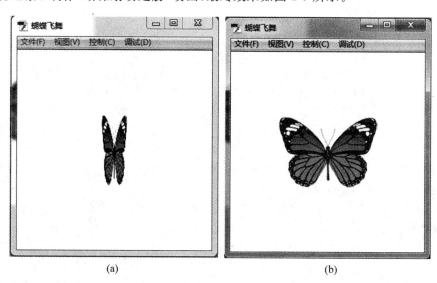

(a)   (b)

图 1-9 "蝴蝶扇动翅膀"动画效果图

实现步骤如下:

(1) 打开 Flash CS6,选择【文件】|【新建】命令,在弹出的【新建文档】对话框中选择

ActionScript 3.0 选项,新建一个 Flash 工程文件,宽度为 300 像素,高度为 300 像素,其他选项默认即可,单击【确定】按钮,如图 1-10 所示。

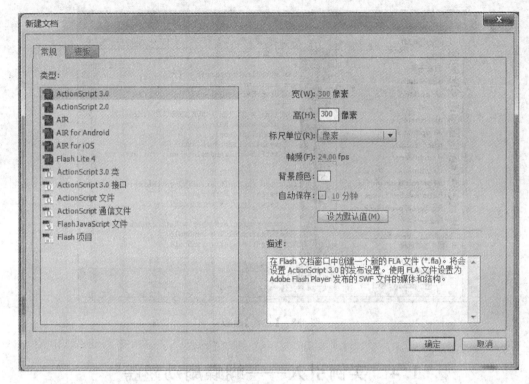

图 1-10　新建 Flash 文档

（2）选择【文件】|【导入】|【导入到舞台】命令,导入预先准备好的蝴蝶图片 butterfly. jpg,如图 1-11 所示,插入后工作区中央的舞台上显示蝴蝶图片。

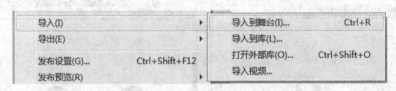

图 1-11　导入图片

观察 Flash CS6 工作区右侧的【库】面板,增加了一个图形元件 butterfly. jpg,如图 1-12 所示。

观察工作区底部的【时间轴】面板,如图 1-13 所示。图层 1 的第 1 帧成为关键帧,关键帧由一个实心的小黑点标识。为了以后操作,便于观察时间轴的各帧,单击【时间轴】面板右上角的 按钮,将时间轴的显示状态由"标准"修改为"中",如图 1-14 所示。调整后【时间轴】面板显示帧数由约 100 帧左右变为约 50 帧左右,方便下一步操作帧。

图 1-12　导入图片后的【库】面板

图 1-13 导入图片后的【时间轴】面板   图 1-14 修改时间轴的显示状态

（3）在【时间轴】面板选择【图层 1】的第 2 帧，单击鼠标右键，在弹出的快捷菜单中选中【插入关键帧】命令，如图 1-15 所示。依次操作，在第 3 帧、第 4 帧和第 5 帧顺次插入关键帧。完成后时间轴的状态如图 1-16 所示。

图 1-15 插入关键帧   图 1-16 插入关键帧后时间轴的状态

（4）依次单击 4 个关键帧，观察舞台，这 4 个关键帧的内容是一样的。在 Flash 中，关键帧可以被编辑。选择第 2 帧，选择工作区最右侧的工具栏中的【任意变形工具】。此时舞台上的蝴蝶实例处于选中状态，按住 Shift 键，同时沿蝴蝶边缘向左拖曳鼠标将蝴蝶略微压扁，效果如图 1-17 所示。用同样的方法依次修改第 3 帧、第 4 帧，效果分别如图 1-18 和图 1-19所示。第 1 帧和第 5 帧没有调整，如图 1-20 所示。

图 1-17 第 2 帧   图 1-18 第 3 帧   图 1-19 第 4 帧   图 1-20 第 1 和 5 帧

（5）选择【文件】|【保存】命令，保存源文件为"蝴蝶飞舞.fla"，同时按住 Ctrl＋Enter 键，测试动画效果，如图 1-9 所示，一只小蝴蝶在不停地轻轻扇动翅膀。在"蝴蝶飞舞.fla"源文

件相同目录下，可以发现刚刚生成的测试文件"蝴蝶飞舞.swf"。

✍ 知识点

1.4.1 新建文件

启动 Flash CS6 新建 Flash 文件，在软件的开始界面，可以看到【从模板创建】和【新建】两种方式，如图 1-21 所示。其中，新建空白 Flash 文件我们在前面的例子"蝴蝶飞舞"动画中已经介绍过。下面介绍【从模板创建】，"模板"实际上是已经编辑完成、具有完整影片架构的文件，并拥有强大的互动扩充功能。如选择【从模板创建】命令，在【类别】列表中选择【广告】选项，在【模板】列表框中选择【728 * 90 告示牌】选项，如图 1-22 所示，单击【确定】按钮即可创建一个模板文件。

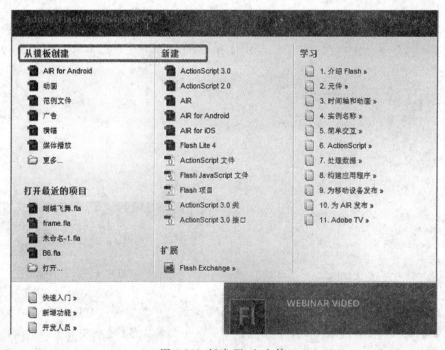

图 1-21　新建 Flash 文件

使用模板创建 Flash 文件的好处在于适合初学者学习和研究，为更快地掌握 Flash 技巧提供了帮助。例如打开【从模板中创建】的【动画】一项，可以看到动画制作中经常用到的"补间动画的动画遮罩层"、"补间形状的动画遮罩层"、"关键帧之间的缓动"、"雪景脚本"、"雨景脚本"，这些常用的制作都被集合到了 Flash 的动画模板中。再比如"模板"的"范例"文件中，提供了"IK 范例、菜单范例、按钮范例、日期倒计时范例、嘴形同步等"，这些源文件为初学者提供了有实用价值的参考，可以以此为基础设计自己的动画作品。除了"动画"、"范例文件"，在"模板"下还有"广告"、"横幅"、"媒体播放"、"演示文稿"等选项。

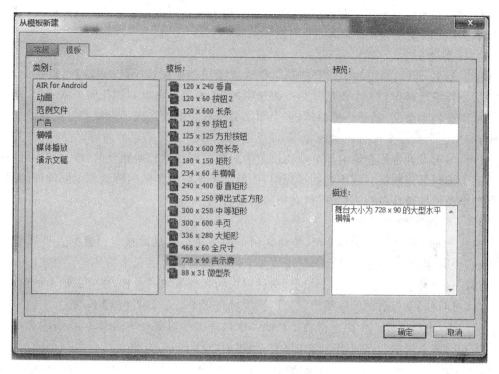

图 1-22　新建模板文件

1.4.2　逐帧动画

逐帧动画是一种传统的动画形式，前面的"蝴蝶飞舞"实例就是基于逐帧动画。逐帧动画的特点是完全由关键帧组成的，由若干个连续的关键帧组成了动画序列。其中每个关键帧都可以单独进行编辑，每一帧的内容均不同，使其连续播放从而得到动画效果。逐帧动画要求动画制作者对于物体运动规律有较深入的了解，最好有一定的绘图功底，适合表现一些细腻的动画。由于需要亲自动手制作每一个关键帧的内容，因此工作量较大，同时制作出来的动画作品文件也较大。

1. 了解时间轴

【时间轴】是编辑 Flash 动画的主要工具，使用【时间轴】面板可以组织和控制动画的内容。【时间轴】面板主要由图层、帧和播放头组成。默认情况下，【时间轴】面板显示在 Flash CS6 软件主界面的底部，位于编辑区下方，包括时间轴标尺、播放头、帧、图层管理区、绘图纸工具等内容，如图 1-23 所示。

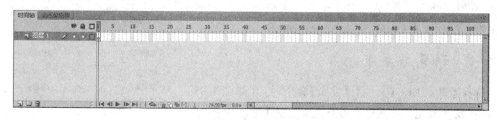

图 1-23　时间轴面板

Flash 基础知识

【时间轴】面板右侧用于对帧进行编辑操作，包括三个部分：上部是时间轴标尺，红色表示播放头；中间是帧编辑区；下部是时间轴状态。

2. 了解图层

图层是 Flash 动画中一个重要的基本概念。图层控制区位于【时间轴】面板左侧，用于对图层进行编辑操作。一个图层犹如一张透明的纸，图层上可以制作任何动画元素，动画文件中可以有多个图层，基于透视原理，多个图层叠放在一起就构成了一幅完整的画面。也就是说，如果一个图层上没有任何内容，就可以透过它看到下面图层的内容。同样，在某个图层上进行编辑设计也不会影响到其他图层上的对象。图层是相对独立的，修改其中的一层，将不会干扰到其他图层。制作动画过程中，一般会将不同类型的内容放在不同的图层里，这使得整个动画的设计过程更加方便，利于编辑和管理。

3. 了解帧

构成 Flash 动画的基础就是帧，是动画制作的一个最基础的概念。根据人类视觉的暂留特性，快速播放一组连续的画面，就可以使人产生画面内容动起来的感觉。在 Flash 动画中，将每一幅画面单独存放在一个帧里，通过编辑帧和修改帧的内容，来完成动画的制作。

在【时间轴】面板右侧的帧编辑区可以设置帧的类型。在【时间轴】上，每一个帧用一个小方格代表，也可以说一个小方格就是一帧。空白关键帧以空心的圆圈表示，有内容的关键帧以实心的圆点表示。在制作动画文件时，创建的空白 Flash 文件默认自带一个图层，名称为图层 1，图层 1 的第 1 帧是空白关键帧。空白关键帧可以被编辑，成为关键帧，空白关键帧没有任何内容，而关键帧是有内容的。在逐帧动画中，每一个帧都是关键帧，也就是说，每一帧里都表现关键性动作或关键性内容变化。缺少任意一帧，动画都不完整。

4. 逐帧动画的创建

实际上，创建逐帧动画有几种方法：

- 用导入的静态图片建立逐帧动画：将 JPG、PNG 等格式的静态图片连续导入 Flash 中，就会建立一段逐帧动画。
- 绘制矢量逐帧动画：在场景中一帧帧地绘画出帧的内容。
- 文字逐帧动画：用文字作帧中的元件，实现文字跳跃、旋转等特效。
- 导入序列图像：可以导入 GIF 序列图像、SWF 动画文件或者利用第三方软件产生的动画序列，如 3d Max、Maya 等。

1.4.3 保存文件

动画制作好之后需要保存，保存的方法是选择菜单栏中的【文件】|【保存】命令或者【另存为】命令，如图 1-24 所示，保存后的源文件扩展名是 FLA，用户也可以使用快捷键 Ctrl+S 或 Ctrl+Shift+S 快速保存。

1.4.4 预览与发布

选择菜单栏中的【文件】|【发布】命令，打开如图 1-25 所示的【发布设置】对话框。在【发布设置】对话框中可以设置发布影片的格式和路径，也可以设置播放器文件

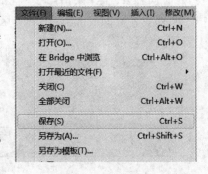

图 1-24 保存文件

的版本、防止导入等属性。在一般情况下，设置好要输出的文件类型，一般选中 Flash(.swf)，单击【发布】按钮即可，也可以按 F12 快捷键发布影片。

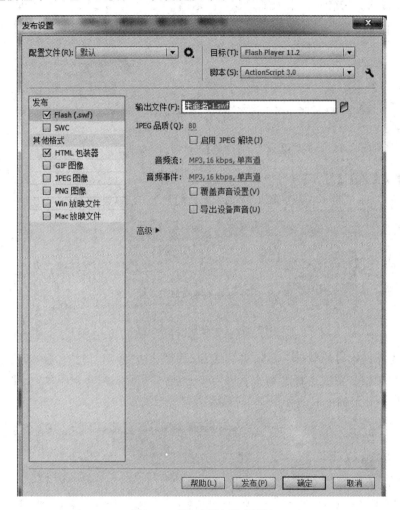

图 1-25 【发布设置】对话框

发布后的文件是 SWF 格式，不能再用 Flash 进行编辑，因为图层已经合并，声音文件也可以转化为 MP3 格式。转化后的文件比 FLA 格式的源文件要小很多，压缩比甚至可以达到 20 倍。

下面通过拓展训练来进一步熟悉逐帧动画的制作。

📖 拓展训练

1. **任务场景**：制作猎豹奔跑动画，最终效果如图 1-26 所示。

实现步骤如下：

(1) 打开 Flash CS6，选择【文件】|【新建】命令，在弹出的【新建文档】对话框中选择 ActionScript 3.0 选项，新建一个 Flash 工程文件，背景为白色，其他选项默认设置即可，单击【确定】按钮。

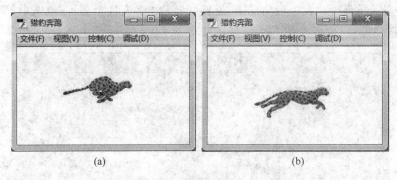

图 1-26 "猎豹奔跑"动画效果图

（2）选择【文件】|【导入】|【导入到舞台】命令，导入预先准备好的猎豹图片"豹 1. jpg"，如图 1-27 所示。系统提示"是否导入序列的所有图像"，单击【是】按钮。

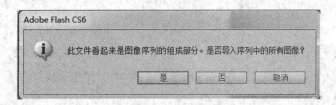

图 1-27 【发布设置】对话框

插入后工作区中央的舞台上显示猎豹图片，如图 1-28 所示。此时，【时间轴】面板显示创建了 8 个关键帧。依次选择各帧查看，Flash 已经导入了 8 张素材图片，从第 1 帧到第 8 帧依次是豹 1. jpg 至豹 8. jpg，如图 1-29 所示。

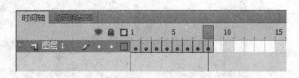

图 1-28　舞台显示猎豹图片　　　　图 1-29　插入图片序列后的【时间轴】

（3）按住 Ctrl＋Enter 键，测试动画效果。可以看到，一只小猎豹在不停地急速奔跑。

（4）如果想调整猎豹奔跑的速度，让它慢一些，可以采取下面的方法。选择【文件】|【修改】|【文档】命令，在弹出的【文档设置】对话框中，将默认的"帧频"参数由"24"修改为"12"，如图 1-30 所示。帧频就是动画播放的速度，以每秒播放的帧数为度量。这里降低帧频，也就相当于将每帧画面的停留时间拉长。

（5）除了修改帧频外，要想调整猎豹奔跑的速度，还有一个方法，就是帧频不变的情况下，拉长动画的时间，即增加帧数。比如，选中第 1 帧，单击鼠标右键，在弹出的快捷菜单中选择【插入帧】命令，普通帧在【时间轴】面板上以灰色底方框显示。重复这样的操作，依次选中后面的关键帧，在每个关键帧的后面插入一个普通帧，效果如图 1-31 所示。现在动画的总长有 16 帧，足足增加了一倍。

（6）按 Ctrl＋Enter 键测试动画效果，也可以选择【控制】|【测试影片】命令测试，保存文件为"奔跑的猎豹. fla"。

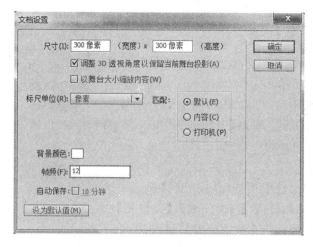

图 1-30 "文档设置"对话框

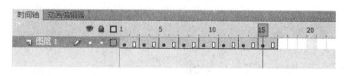

图 1-31 增加普通帧后的【时间轴】

2. 任务场景：实现打字效果动画"有志者事竟成"。

实现步骤如下：

（1）选择【文件】|【新建】命令，新建 Flash 文档。

（2）在【新建文档】对话框中设置舞台大小为"500 像素×100 像素"。背景淡绿色，将帧频设置为"5fps"，如图 1-32 所示。

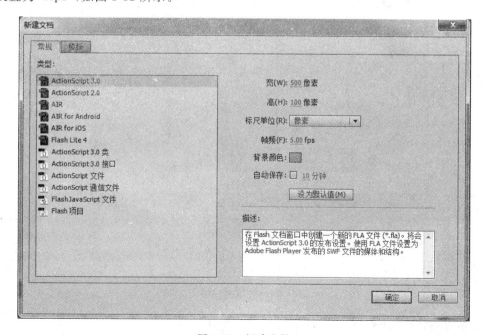

图 1-32 新建文档

（3）选择工具栏中的【文本工具】命令，在【属性】面板中设置字体"华文行楷"。如果系统没有此字体，读者可换成任意其他字体代替。字体大小"36 点"，字体颜色"黑色"，如图 1-33 所示。

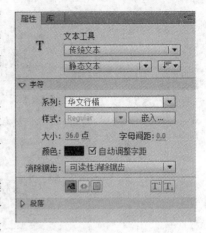

图 1-33　设置文本属性

（4）在舞台左侧单击，可看见文本输入标志，输入汉字"有"，如图 1-34 所示。观察【时间轴】面板，此时第 1 帧上出现了一个白色小圆点，说明已经创建成功一个有内容的关键帧。

（5）在【时间轴】上选中第 2 帧，按 F6 键插入关键帧，或者使用菜单栏中的【插入】|【时间轴】|【关键帧】命令插入一个关键帧。此时第 2 帧也成为关键帧，选中第 2 帧查看，第 2 帧的内容完全复制了第 1 帧。

图 1-34　输入文字"有"

将第 2 帧的"有"字后面输入"志"字，如图 1-35 所示。

图 1-35　输入文字"志"

（6）依次类推，重复上面的操作，在第 3～6 帧插入关键帧。依次输入"者"、"事"、"竟"、"成"四个字，如图 1-36 所示。

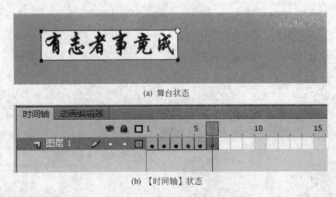

(a) 舞台状态

(b) 【时间轴】状态

图 1-36　完成文字输入

（7）测试动画效果，并保存文件为"打字效果.fla"。

本 章 小 结

本章主要介绍了 Flash CS6 的基础知识,包括软件的工作界面和常用面板,有【属性】面板、【库】面板、【颜色】面板、【对齐】面板、【变形】面板等。讲解了动画制作的基本原理,并通过引入通俗易懂的逐帧动画实例来阐述 Flash 动画的制作流程。掌握了动画制作的基本流程和设计思路之后,再进行后面的深入学习将会事半功倍。

习　　题

一、选择题

1. Flash 动画是一种（　　　）。
　　A. 流式动画　　　　　B. GIF 动画　　　　C. AVI 动画　　　　D. FLC 动画
2. 以下不属于 Flash 动画的特点的是（　　　）。
　　A. 矢量图形　　　　　B. 交互式动画　　　C. 三维性　　　　　D. 流式播放技术
3. 在 Flash 生成的文件类型中,我们常说源文件是（　　　）。
　　A. swf　　　　　　　B. gif　　　　　　　C. fla　　　　　　　D. exe
4. 不是 Flash 操作界面组成部分的是（　　　）。
　　A. 图层　　　　　　　B. 时间轴　　　　　C. 舞台　　　　　　D. 面板
5. Flash 动画中每个单独的静止画面被称为（　　　）。
　　A. 图层　　　　　　　B. 帧　　　　　　　C. 元件　　　　　　D. 提示点
6. 下列关于工作区、舞台的说法不正确的是（　　　）。
　　A. 舞台是编辑动画的地方
　　B. 影片生成发布后,观众看到的内容只局限于舞台上的内容
　　C. 工作区和舞台上内容,影片发布后均可见
　　D. 工作区是指舞台周围的区域
7. 保存 Flash 文件的快捷键是（　　　）。
　　A. Ctrl+S　　　　　　B. Shift+S　　　　　C. Alt+S　　　　　D. Delete+S
8. Flash 影片的帧频率最大可以设置到（　　　）。
　　A. 50fps　　　　　　B. 100fps　　　　　C. 120fps　　　　　D. 150fps

二、操作题

1. 制作变化的数字动画效果,背景淡黄色,数字 0～9。
2. 从互联网上下载 SWF 格式的素材文件,使用 Flash 导入素材,观察生成的逐帧动画源文件,尝试调整动画的播放速度,并测试效果。

三、思考题

1. 查阅资料,Flash CS6 有哪些新增功能?
2. 试述 Flash 动画的制作流程。
3. Flash 动画的应用领域有哪些?
4. 试述逐帧动画的原理。

第2章   绘制与编辑图形

学习目标

- 了解 Flash 图形绘制的常用工具。
- 能够熟练应用 Flash 工具面板中的不同工具绘制图形。
- 掌握颜色编辑工具的灵活运用方法。

作为一款优秀的交互性矢量动画制作软件,丰富的矢量绘图和编辑功能是必不可少的。Flash CS6 提供了两种主要绘图方式,即矢量线条和矢量色块的绘制,利用它们可以十分方便地绘制出栩栩如生的矢量图形。

2.1   认识面板中用于图形绘制与编辑部分的常用工具

Flash 的绘图功能操作非常便捷,掌握好以下工具,便能绘制出精美的图形。下面将对这些绘制与编辑图形部分常用工具的特点与使用方法进行介绍,如图 2-1 所示。

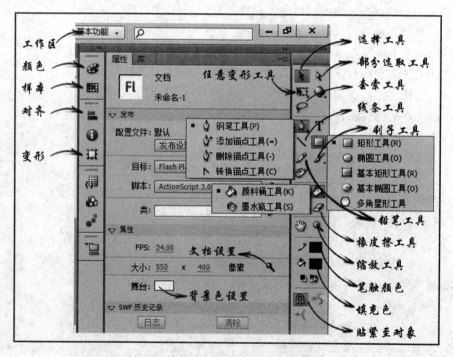

图 2-1   绘制与编辑图形常用工具

2.2 实例引入——绘制花瓶植物

任务场景：本实例设计的是窗台瓶插，最终效果如图 2-2 所示。完成此图分为两个阶段，第一阶段为线条绘制阶段，第二阶段为填色阶段。第一阶段应用【矩形工具】▢、【椭圆工具】◯、【线条工具】▨ 和【铅笔工具】✎ 绘制基本形态，然后通过复制粘贴、【选择工具】▸ 的鼠标吸附功能配合完成，画面简洁、曲线优美。第二阶段应用【颜料桶工具】◙、【墨水瓶工具】◐ 填色。

实现步骤如下：

（1）打开 Flash CS6，选择【文件】|【新建】命令，在弹出的【新建文档】对话框中选择 ActionScript 3.0 选项，其他选项默认即可，单击【确定】按钮，新建一个 Flash 工程文件。在工具面板中选择【矩形工具】▢（快捷键 R），打开工具栏最下方的【对象绘制】按钮 ▢◙，并设置矩形工具的属性笔触色为黑色、填充色为空白，如图 2-3 所示。在舞台上绘制一个长方形如图 2-4 所示。选择【文件】|【保存】命令，在弹出的【另存为】对话框中设置文件名称为"窗台瓶插"，保存类型为（＊.fla）格式。

图 2-2　窗台瓶插效果

图 2-3　设置矩形工具属性

（2）在工具面板中选择【选择工具】▸（快捷键 V），将鼠标放在该矩形的左下角，当鼠标变成 ▸ 形状时，往右拖曳左下角的点，效果如图 2-5 所示，同理拖曳右下角的点。将鼠标放到该梯形左边线中间处，当鼠标变成 ▸ 形状时，往里拖曳，让直线变成曲线，同理拖曳右边线、底边线，效果如图 2-6 所示（此操作被称为在工具面板中选择"鼠标吸附功能"）。

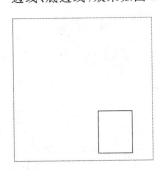

图 2-4　长方形绘制效果

图 2-5　调整为梯形

图 2-6　调整为花瓶形

第2章

绘制与编辑图形

（3）在工具面板中选择【椭圆工具】○（快捷键 O），按住 Shift 键拖曳出一个正圆，如图 2-7 所示。然后在工具面板中选择【选择工具】，框选出已经绘制的两个图形（或者是按 Ctrl＋A 键全选），再按 Ctrl＋B 键打散图形，使其联合在一起，点选删掉多余的线条，如图 2-8 所示。再框选花瓶图案，按 Ctrl＋G 快捷键将其群组。

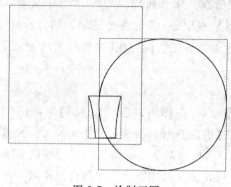

图 2-7　绘制正圆

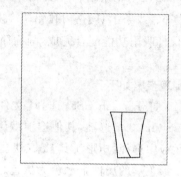

图 2-8　去掉多余线条后的效果

（4）选取工具箱中的【铅笔工具】（快捷键 Y），在工具栏最下方设置铅笔属性对象绘制、平滑，绘制两根弯弯的枝干，如图 2-9 所示。继续调整【铅笔工具】的属性面板上的平滑值为最高 100，绘制出树叶，树叶要大致一样，但是又不能都一模一样，如图 2-10 所示。

（5）按 Ctrl＋A 键全选画面图形，再按 Ctrl＋B 键打散图形，使其联合在一起。再应用【颜料桶工具】为花瓶、树叶填色。如果发现色填不上去，可以点开工具栏最下面的属性面板，调整空隙大小 以方便填色，填充效果如图 2-11 所示。

图 2-9　绘制弧线

（6）应用【墨水瓶工具】将树叶上的线条改变颜色，再在工具面板中选择【选择工具】，双击花瓶上的黑线，按 Delete 键删除，最终效果如图 2-12 所示。

图 2-10　绘制树叶

图 2-11　颜色填充

图 2-12　调整线条颜色

（7）按 Ctrl＋Enter 键预览，选择【文件】|【保存】（快捷键 Ctrl＋S）命令保存。

🖋 知识点

2.2.1　线条工具 ▧ 和铅笔工具 ✐

1. 线条工具

【线条工具】▧，快捷键为 N，在舞台中单击并按住鼠标左键拖曳，可绘制直线；在绘制的同时按住 Shift 键可绘制水平线、垂直线和 45°斜线；在绘制的同时按住 Alt 键可绘制从中心到两边的任意角度的直线。

在选择线条工具之后，可在属性面板设置线条的属性，其含义如下：✐ 选择线条颜色。

笔触：可设置粗细。

样式：可设置极细线、实线、虚线、点状线、锯齿线、点刻线、斑马线，如图 2-13 所示。极细线无论视图放大缩小其粗细皆不受影响。

缩放：用于设置在 player 中包含笔触缩放的类型。勾选该复选框可将笔触锚记点保持为全像素，防止出现模糊线。

端点：可设置线条端点的形状（无、圆角、方形）。

接合：可设置线条之间接合的形状（尖角、圆角、斜角）。

样式后面的按钮可细致地编辑笔触样式，如图 2-14 所示。

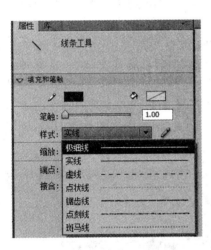

图 2-13　线条工具属性

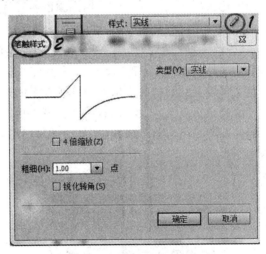

图 2-14　笔触样式编辑框

2. 铅笔工具

【铅笔工具】✐，快捷键为 Y，在舞台中单击并按住鼠标左键拖动，可绘制线条，属性面板如图 2-15 所示。选择不同的绘图模式可绘制伸直、平滑、墨水（适用于数位板绘图）线条，如图 2-16 所示。

伸直模式：适用于绘制规则的几何形状。

平滑模式：适用于绘制平滑的曲线，在属性面板中可设置平滑参数。

墨水模式：适用于随意绘制各类线条，不会对笔触进行任何修改。

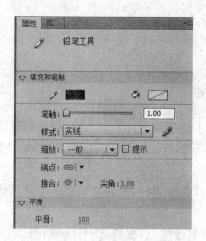

图 2-15　铅笔工具属性面板　　　　　　　图 2-16　绘图模式

2.2.2　矩形工具□和椭圆工具○

【矩形工具】□,快捷键为 R,可绘制长方形,同时按住 Shift 键拖曳,可绘制正方形。在矩形工具的属性面板中,铅笔图标旁边的色块可设置矩形的边框颜色或者无边框;油漆桶旁边的色块可设置矩形的内部填充颜色或者无填充。在矩形选项中,可设置矩形的边角半径绘制出圆角矩形,属性面板如图 2-17 所示。

【椭圆工具】○,快捷键为 O,可绘制椭圆,同时按住 Shift 键拖曳,可绘制正圆。在椭圆工具的属性面板中,铅笔图标旁边的色块可设置椭圆的边框颜色或者无边框;油漆桶旁边的色块可设置椭圆的内部填充颜色或者无填充。在椭圆选项区域中,"开始角度/结束角度"用于绘制扇形以及其他有创意感的图形。内径可调整数值为 0～99,中间值时可绘制内径不同的圆环。闭合路径可确定图形的闭合与否。重置可使椭圆选项中的数值归零,属性面板如图 2-18 所示。

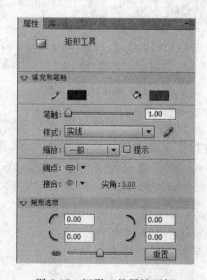

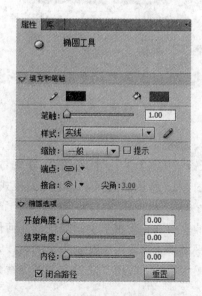

图 2-17　矩形工具属性面板　　　　　　图 2-18　椭圆工具属性面板

2.2.3 辅助绘图工具

绘制过程中,以下工具十分常用:在【选择工具】 模式下,按住 Alt 键拖动对象,可以复制并移动对象;同时按住 Shift 键拖动,可以将对象移动的方向限制为 45°的倍数;按上下左右箭头键,可以移动 1 像素,同时按住 Shift 键,可以移动 10 像素。

Ctrl+A 全选,Ctrl+C 复制,Ctrl+V 粘贴,Ctrl+Shift+A 取消全选,Ctrl+Shift+V 原地粘贴,Ctrl+B 打散分离对象(不建议分离元件或插补动画内的组),Ctrl+G 组合,Ctrl+Shift+G 取消组合。对于群组之后的对象,需要在对象上双击鼠标左键进入对象里面,才能对其线条和颜色进行编辑或修改。

1.【选择工具】 模式下的"鼠标吸附功能"使用技巧

需要将直线调整为弧线,可以配合【选择工具】,将鼠标放在线条的中间偏离一点距离的位置,当舞台中出现 图标时,按下鼠标左键拖曳,便可将直线调整为弧线;当出现 图标时,按住 Ctrl 键,可以为线条加点。

需要将直线调整延长,可以配合【选择工具】,将鼠标放在线条的一端,当舞台中出现 图标时,按下鼠标左键拖曳,便延长直线。

一旦发现无法将直线调整为弧线,可能是直线旁边出现了矩形框,这时需要在舞台空白处单击一下鼠标左键,矩形框消失(该线条不在选择状态),便可以调整弧线或者改变线条长短。

2.【对象绘制】工具

【对象绘制】工具 的快捷键是 J,会对线条工具 、铅笔工具 、矩形工具 、椭圆工具 、基本矩形工具 、基本椭圆工具 、多角星形工具 、刷子工具 、钢笔工具 起作用。按下对象绘制按钮 之后,其绘制的图形周围会有一个矩形边框,说明其是一个独立的对象,如图 2-19 所示。

图 2-19　独立对象

再次按 J 键,其绘制的图形可以与周边图形融合。选中独立对象图形后,按 Ctrl+B 快捷键,可将图形打散,成为分离的对象,如图 2-20 所示。

图 2-20　分离的对象

独立对象默认在打散图形/分离的对象的上一层,如图 2-21 所示。

图 2-21　位置关系

2.2.4 颜料桶工具和墨水瓶工具

1.【颜料桶工具】

【颜料桶工具】：快捷键为 K，此为填充色块的工具。可以通过设置 （工具栏下方的圆形按钮）空隙大小，为完全封闭区域、小空隙区域、中等空隙区域、大空隙区域填色。单击该工具面板下方的【锁定填充】按钮，当使用渐变色或者位图填充时，可将填充区域的颜色变化规律锁定，作为这一填充区域周围的色彩变化规范。通过属性面板可以了解到，【颜料桶工具】下的笔触颜色按钮是不反应状态的，因为【颜料桶工具】只能针对填充颜色做修改，如图 2-22 所示。

2.【墨水瓶工具】

【墨水瓶工具】：颜料桶工具组下的工具，快捷键为 S，此为填充或改变线条的颜色、尺寸、线型的工具。通过属性面板可以了解到，【墨水瓶工具】下的填充颜色按钮是不反应状态的，因为【墨水瓶工具】只能针对笔触颜色做修改，如图 2-23 所示。

图 2-22　颜料桶工具属性面板

图 2-23　墨水瓶工具属性面板

2.2.5 基本矩形工具与基本椭圆工具

单击【矩形工具】右下角的三角尖处，会弹出五种工具：分别是【矩形工具】、【椭圆工具】、【基本矩形工具】、【基本椭圆工具】、【多角星形工具】，如图 2-24 所示。

【基本矩形工具】和【基本椭圆工具】分别与【矩形工具】和【椭圆工具】的属性一样，唯一不同的是在创建矩形或者椭圆之后，可以看到基本矩形有 4 个节点，基本椭圆有 3 个节点，在【选择工具】模式下，直接拖动节点均可灵活改变形状。其创建的图形通过打散（选中图形后，按 Ctrl＋B 快捷键）可得到普通矩形和椭圆。

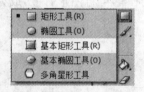

图 2-24　矩形工具下拉框

2.2.6 多角星形工具

按住鼠标左键并拖曳可创建多边形。单击属性面板中的【选项】按钮，可修改图形的样式和边数；在选择【星形】样式时，可以通过改变"星形顶点大小"的数值来改变星形的形状，数值越接近 0,创建的顶点就越深。"星形顶点大小"只对【星形】样式起作用。

📖 拓展训练

任务场景:闹钟绘制,最终效果图如图 2-25 所示。

实现步骤如下:

(1) 打开 Flash CS6,选择【文件】|【新建】命令,在弹出的【新建文档】对话框中选择 ActionScript 3.0 选项,新建一个 Flash 工程文件。执行【视图】|【标尺】命令,然后从舞台标尺处拖曳出四条辅助线。在工具面板中选择【基本椭圆工具】◎,属性设置如图 2-26 所示,按住 Shift 键绘制一个同心正圆,绘制效果如图 2-27 所示。选择【文件】|【保存】命令,在弹出的【另存为】对话框中设置文件名称为"闹钟绘制",保存类型为(∗.fla)格式。

图 2-25　闹钟绘制效果图

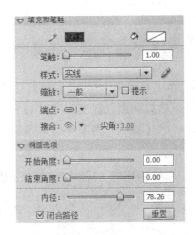

图 2-26　基本椭圆工具属性设置

(2) 在【选择工具】下,按住 Alt 键拖曳同心圆,复制一个。然后在工具面板中选择【任意变形工具】▧(快捷键为 Q),按住 Shift+Alt 键将复制的同心圆等比例缩小。再选择所有圆执行【窗口】|【对齐】命令▤,在对齐面板上,按照图 2-28 步骤操作:先勾选,再水平中齐、垂直中齐,最后效果如图 2-29 所示。

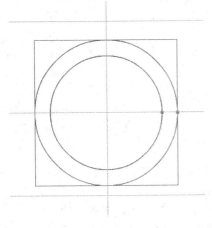

图 2-27　绘制同心正圆

图 2-28　对齐面板设置步骤

（3）在工具面板中选择【椭圆工具】 🔾，按住 Shift 键，在表盘正中心绘制一个小正圆。按照上述方法将其对齐，效果如图 2-30 所示。

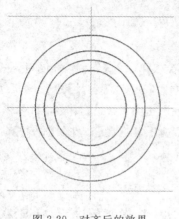

图 2-29　对齐后的效果

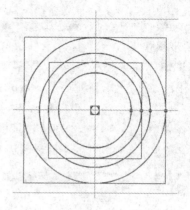

图 2-30　绘制表中心并对齐

（4）在工具面板中选择【多边形工具】 🔾，其属性面板设置步骤如图 2-31 所示。绘制一个三角形，然后利用鼠标吸附工具对它稍微变形，再复制出一个放在右边，执行【修改】|【变形】|【水平翻转】命令，将闹钟的两条腿绘制出来。依据辅助线调整位置，使其对称，效果如图 2-32 所示。

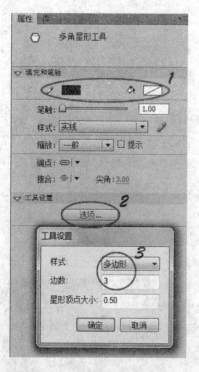

图 2-31　多角星形工具属性设置

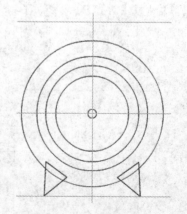

图 2-32　闹钟腿绘制

（5）在工具面板中选择【基本矩形工具】 ▢，其属性面板设置步骤如图 2-33、图 2-34 所示，绘制闹钟的铃铛。在工具面板中选择复制闹钟腿的方法，将另外一个铃铛也实现出来，如图 2-35 所示。

图 2-33　设置基本矩形工具属性绘制闹钟铃铛　　　图 2-34　设置基本矩形工具属性绘制闹钟铃铛

（6）在工具面板中选择【矩形工具】▣和【椭圆工具】◯，绘制出闹钟顶上的按钮，效果如图 2-36 所示。

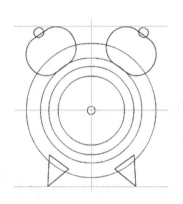
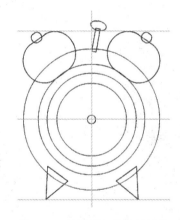

图 2-35　铃铛效果如图所示　　　　　　图 2-36　闹钟顶上的按钮效果

（7）利用【矩形工具】▣，绘制出一矩形条，对齐到中心。然后在点选该矩形条之后点击鼠标右键，将其转换为图形元件，再利用【任意变形工具】（快捷键 Q），打开【变形工具】▣，设置其属性如图 2-37 所示：修改旋转数值为 30°，再多次左键单击【重置选区和变形】▣按钮，直至其旋转一周，效果如图 2-38 所示。

（8）全选图形，然后按 Ctrl＋B 键打散所有对象，直至其完全联合。在工具面板中选择【基本椭圆工具】◯，设置填充颜色◇▇和笔触颜色✐▇皆为黑色，绘制一个黑色圆环，调整内径刚好与正中心的圆大小一致，在工具面板中选择【对齐面板】将其与其他圆形对齐，如图 2-39 所示。打散该黑色圆环，去掉填充部分及多余线条，效果如图 2-40 所示。

（9）在工具面板中选择【线条工具】◣绘制时针与分针，效果如图 2-41 所示。删掉重合部分的线条，在【视图】|【辅助线】中取消辅助线，线稿处理完毕，如图 2-42 所示。

（10）利用【颜料桶工具】◇为闹钟填好基本颜色，效果如图 2-43 所示。

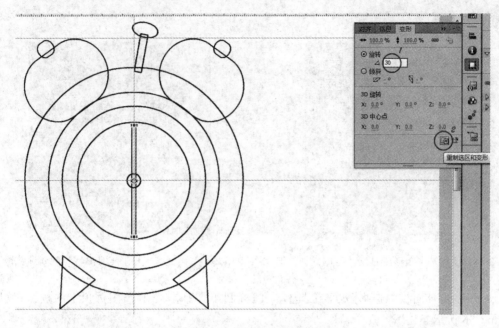

图 2-37　任意变形工具属性设置

图 2-38　表盘效果

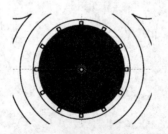

图 2-39　绘制黑色圆环效果

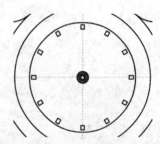

图 2-40　去掉黑色圆环效果

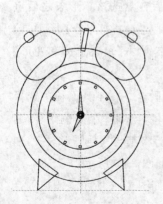

图 2-41　绘制时针与分针

图 2-42　取消辅助线效果

图 2-43　填好基本颜色效果

（11）闹钟看起来很平，没有层次感，需要设定一个光源，为其增强层次感。假设光从左边过来，闹钟上会有受光面和背光面，至少包括亮灰暗三个层次。利用【椭圆工具】 ◎ ，绘制正圆，然后分出层次，如图 2-44 所示。利用【颜料桶工具】 ◎ ，选择颜色填充，效果如图 2-45 所示。

（12）继续利用【椭圆工具】 ◎ ，在钟盘上绘制正圆，分出层次；利用【线条工具】 ◥ 配合鼠标吸附功能，将其他位置的明暗面分出来，如图 2-46 所示。利用【颜料桶工具】 ◎ ，选择颜色填充，效果如图 2-47 所示。

图 2-44　绘制明暗交界线　　　　图 2-45　填充颜色后去线效果　　　　图 2-46　绘制明暗交界线

（13）蓝色区域太大，利用【任意变形工具】 ▧ ，将内圈等比例放大（按住 Shift＋Alt 键，拖曳变形角处），删掉多余的颜色，填充指针颜色，钟盘颜色，效果如图 2-48 所示。按 Ctrl＋A 键全选整张图形，更改工具栏下方的笔触颜色为 ⁄□ ，去掉线稿，最终效果如图 2-49 所示。

图 2-47　填充颜色后去线效果　　　　图 2-48　细化颜色后效果　　　　图 2-49　去掉线条效果

（14）按 Ctrl＋Enter 键预览，选择【文件】|【保存】（快捷键 Ctrl＋S）命令保存。

2.3　实例引入——卡通角色的创意与绘制

任务场景： 本实例灵感来源于一部喜剧电影周星驰的《唐伯虎点秋香》里的两个角色，继而手绘草图，再用 Flash 软件绘制出来，最终效果如图 2-50 所示。

实现步骤如下：

（1）分析原角色服装特点，确定个人创作风格。参考原图如图 2-51、图 2-52 所示。

图 2-50　角色绘制最终效果

图 2-51　原图

（2）在纸上，手绘草图，草图如图 2-53 所示。

图 2-52　原图

图 2-53　手绘草图

（3）打开 Flash CS6，选择【文件】|【新建】命令，在弹出的【新建文档】对话框中选择 ActionScript 3.0 选项，其他选项默认即可，单击【确定】按钮，新建一个 Flash 工程文件。设置文档属性，如图 2-54 所示。将草图扫描件导入 Flash 中。在菜单栏中选择【文件】|【导入】|【导入到舞台】命令，在【导入】对话框中，选择图片，单击【打开】按

图 2-54　新建文档属性

钮，即可导入图像素材到舞台。此时，库中也有相应的图像素材文件。选择【文件】|【保存】命令，在弹出的【另存为】对话框中设置文件名称为"卡通角色绘制"，保存类型为（＊.fla）格式。

（4）快速调整图片尺寸：用【选择工具】直接点选导入的图片，修改其属性面板里的宽或高，如图 2-55 所示，然后利用【对齐面板】里的水平中齐、垂直中齐按钮，将该图放在画面正中央，也可以利用【任意变形工具】按住 Shift 键等比例缩放。

（5）在【时间轴】面板中，单击左下角的【新建图层】按钮新建一个图层，并重命名图层名称为"草稿层"、"绘制层"；直接单击"草稿层"有锁的位置，以锁定草稿层，以便在绘制

图 2-55　对齐面板属性设置步骤图

的时候不小心拖动草稿层文件；单选"绘制层"的第一帧，以确定在该层上绘制和编辑图形，如图 2-56 所示。

（6）因为该角色中的线条造型不是很规范的几何图形，基本都是弧线造型，在这里采取【钢笔工具】 🖋️ 绘制的方法来操作；草稿图是黑线，所以这里用红线、笔触为 3 来勾边线。先绘制一个角色，效果如图 2-57 所示。

图 2-56　时间轴面板设置步骤图

图 2-57　绘制角色红色线稿

29

第2章

绘制与编辑图形

（7）用【选择工具】 直接单击"绘制层"的第一帧,此时已经全选了第一帧上的所有线条,在工具栏的最下方位置将笔触颜色 改为黑色。单击"草稿层"上眼睛所对应的位置,出现 图标,将该层隐藏,如图 2-58 所示。

图 2-58　改线稿色为黑色

（8）为已经绘制好的角色填色,先采取【颜料桶工具】 填大面积的颜色,涉及空隙太大的位置时,采取【刷子工具】 填色的方法配合进行。线条的颜色及粗细调整均在工具面板中选择【墨水瓶工具】 完成。填充完颜色如图 2-59 所示。

（9）人物头部首饰的绘制方法:在工具面板中选择【颜料桶工具按钮】 ,单选【颜色按钮】 ,设置为线性渐变,单击取色按钮选择颜色,具体操作如图 2-60 所示,然后为一个小珠子填色。

（10）红色小珠的渐变可能未达到期望的效果,那么就要选择【渐变变形工具】 ,快捷键为 F。调整画面上如图 2-61 所示的中心点、 标识,直到达到效果。

图 2-59　填充颜色效果图

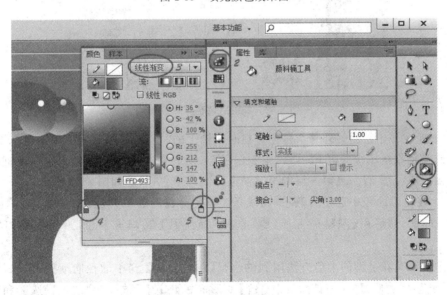

图 2-60　渐变色填充步骤图

第2章

绘制与编辑图形

（11）在工具面板中选择【椭圆工具】◯，设置笔触颜色为无 ✐▢，填充颜色为白色 ◇▢，按住 Shift 键绘制一个实心小正圆，作为珠子的高光部分。然后将整颗珠子选取（按住 Shift 键加选），然后群组（快捷键为 Ctrl＋G），再按住 Alt 键拖曳鼠标，复制出一个一模一样的珠子放在旁边，在工具面板中选择【任意变形工具】▦（快捷键为 Q），稍微转动一下位置，使其有点变化。再在第一颗珠子上面执行鼠标右键【排列】|【移至顶层】，如图 2-62 所示。

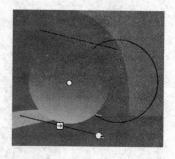

图 2-61　利用渐变变形工具调整颜色

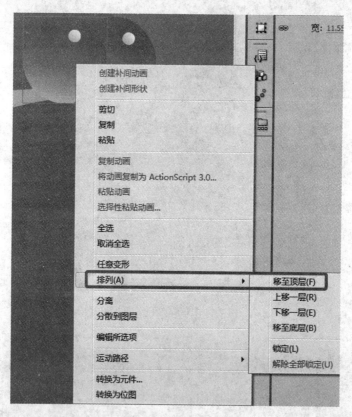

图 2-62　群组后调整排列位置

（12）现在开始绘制另外一个角色。在时间轴上的"草稿层"第二帧上单击鼠标右键"插入帧"（或者是直接按快捷键 F5），在"绘制层"第二帧上单击鼠标右键"插入空白关键帧"（或者是直接按快捷键 F7），在第一层的第二帧上绘制该角色，状态如图 2-63 所示。

（13）在工具面板中选择所熟悉的【线条工具】▨、【椭圆工具】◯、【钢笔工具】◊等绘制该角色轮廓，然后用【颜料桶工具】◇、【墨水瓶工具】◎填充颜色，最后效果如图 2-64 所示。

其中发饰菊花造型的上色方法用到的也是【颜色面板】▧中的径向渐变，采取"渐变变形"▦，调整好之后，再在工具面板中选择【变形面板】▦中的"旋转"、"重置选区和变形"，编辑出整朵菊花,群组 Ctrl+G。再复制一朵,在工具面板中选择【任意变形工具】进行缩放到合适大小即可,如图 2-65 所示。

图 2-63　选取绘制层第二帧状态　　　　　　　图 2-64　角色效果

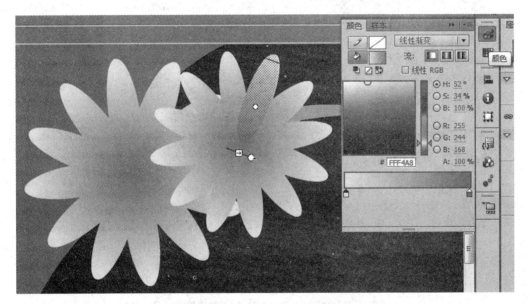

图 2-65　发饰颜色调整

(14) 将绘制好的角色石榴转换为图形元件,作为素材以备后面使用。方法如下:在工具面板中选择【选择工具】，选择"绘制层"的第一帧,在图上单击鼠标右键,选择【转换为元件】命令,如图 2-66 所示。弹出【转换为元件】对话框,选择类型,对齐方式,修改名称确定即可,如图 2-67 所示。

(15) 将绘制好的角色秋香转换为图形元件,作为素材以备后面使用。操作步骤如图 2-68所示。

第
2
章

绘制与编辑图形

图 2-66　转换为元件步骤图

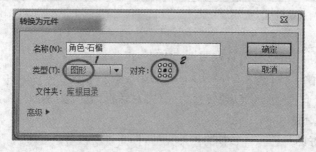

图 2-67　元件属性设置步骤图

图 2-68　元件转换步骤图

　　(16) 将秋香角色元件剪切(快捷键为 Ctrl＋X),原地粘贴(快捷键为 Ctrl＋Shift＋V)到"绘制层"的第一帧,放在石榴角色一个帧上。在角色-秋香元件上单击鼠标右键,使其位置下移一层,如图 2-69 所示。然后选择两个层上的第二帧,单击鼠标右键,删除帧,操作如图 2-70 所示。

　　(17) 按 Ctrl＋Enter 键预览,选择【文件】|【保存】(快捷键为 Ctrl＋S)命令保存源文件。选择【文件】|【导出】|【导出图像】命令,在弹出的【导出图像】窗口,改文件名称为"秋香角色透明背景",选择文件类型为(＊.png)格式,单击【保存】按钮,设置导出 PNG 面板如图 2-71 设置,单击【导出】按钮。所存出来的图片为透明背景图,效果如图 2-72 所示。

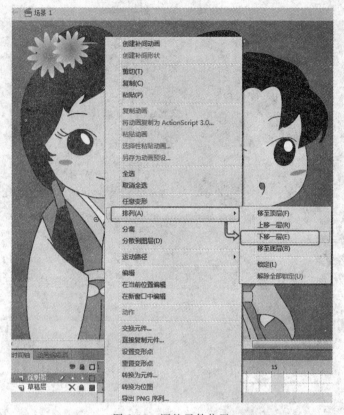

图 2-69　调整元件位置

图 2-70　删除帧

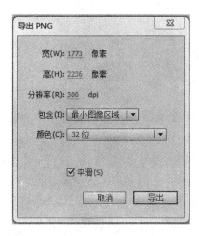

图 2-71　导出 PNG 面板属性设置图

图 2-72　透明背景图效果

✍ 知识点

2.3.1　舞台视图的快速调整

可以选择【视图】|【放大】(快捷键为 Ctrl＋＝)放大视图,【视图】|【缩小】(快捷键为 Ctrl＋－)缩小视图;也可以通过操作舞台右上角的下拉框中的选项调节,如图 2-73 所示。

当图放大之后,要选取某一部位进行修改,可以在工具面板中选择【手形工具按钮】,快捷键为 H,进行拖曳。也可以采取按住键盘上的空格键,当画面出现 ✋ 图标时,按住左键进行拖曳到想要调整的位置。

图 2-73　舞台视图调整

2.3.2　绘图时用到的时间轴面板上功能简介

如图 2-74 所示,相关插入帧的快捷键:

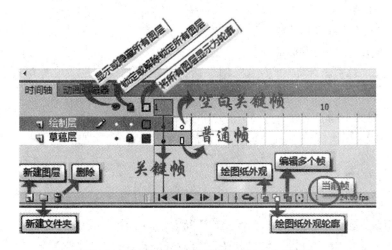

图 2-74　绘图时用到的时间轴面板上功能简介

插入普通帧,快捷键为 F5,一般用来延长时间显示。

插入关键帧,快捷键为 F6,相当于将前一帧完全复制了一次。

插入空白关键帧,快捷键为 F7,新建一个关键帧,上面任何东西都没有。

2.3.3　钢笔工具

如图 2-75 所示的【钢笔工具】,快捷键为 P。使用钢笔工具能精确画出平滑精准的直线和曲线。

每单击一下,就会产生一个锚点,且锚点之间自动用直线连接。

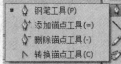

图 2-75　钢笔工具下拉框

【钢笔工具】最好用的功能是用来画曲线。添加新线段时,在下一个位置单击后不松鼠标直接拖动,会发现线条变成了曲线,并且显示出切线控制点。若想只用一边的手柄控制曲线,可按住 Alt 键收回一边的切线手柄。封闭的曲线只需要将【钢笔工具】移到起始点处,当指针变成钢笔右下角带小圆圈时单击即可。开放的曲线可以直接双击最后一个绘制的锚点或者直接在工具面板中选择【选择工具】即可。

钢笔工具右下角三角尖处还有【添加锚点】、【删除锚点】、【转换锚点工具】,皆为其辅助工具。在【添加锚点工具】下,指针处出现加号标志时,直接单击鼠标则可以添加锚点;在【删除锚点工具】下,单击锚点即可删除。

在【转换锚点工具】下,将光标移到锚点上,单击可将曲线转换为直线;在锚点处点击拖曳,便可以将直线转换为曲线。

2.3.4　选择对象工具

选择对象工具:常有的包括【选择工具】、【部分选取工具】、【套索工具】。

【选择工具】,快捷键为 V。选择单个对象,只需要在选择的对象上单击鼠标即可。按住 Shift 键不放,然后依次单击每个要选取的对象,则可选多个对象。鼠标单击工作区的空白区域,可取消对对象的选择。

在【选择工具】下,工具栏最下方有 这三个图标,分别代表以下含义:

【贴紧至对象】:使移动、旋转和调整的对象自动对齐。

【平滑】:对直线和开头平滑处理。

【伸直】:对直线和开头平直处理。

【部分选取工具】,快捷键为 A。用于选择矢量图形上的节点。要轻移锚点,使用部分选取工具,然后用箭头键进行移动,按住 Shift 键单击可以选择多个点。按住 Alt 键拖曳,可将转角点转换为曲线点。

【套索工具】,快捷键为 L。选择打散对象的某一部分时,便可使用。

2.3.5　刷子工具

【刷子工具】快捷键为 B,Flash 中的【刷子工具】与【铅笔工具】很相似,不同的是【刷子工具】绘制的形状是色块,【铅笔工具】绘制的是边线。油漆桶旁边的色块可以选择颜色;平滑值 0-100,可以设置形状绘制的平滑度。在【刷子工具】下,工具面板下的选项区中,包含 5 个功能按钮:【对象绘制】、【锁定填充】、【刷子模式】、【刷子大小】、【刷子形状】。单击功能按钮右下角黑色三角尖处,可选择相关属性。

鉴于其他四个属性容易理解,现仅针对【刷子模式】下拉列表一一阐释:

标准模式:笔刷经过之处,线条和填充都被笔刷覆盖。

颜料填充:笔刷经过之处,只有线条不受任何影响。

后面绘画:笔刷经过之处,只能给空白区域画上颜色。

颜料选择:必须用"选择工具"先选择一个打散状态的形状,再用刷子工具在该范围内画上颜色。

内部绘画:填充部分由刷子的起点来界定何为内部,其只为该内部着色。

刷子工具的属性面板,如图 2-76 所示。

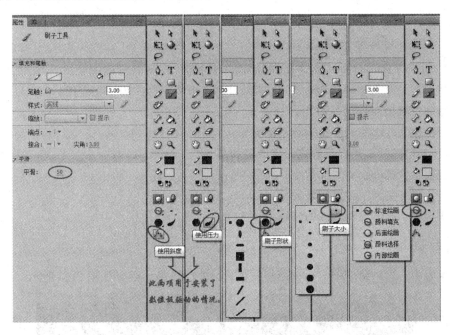

图 2-76　刷子工具的属性面板

2.3.6　颜色面板的使用

执行【窗口】|【颜色】命令,弹出【颜色】面板,单选【填充颜色】按钮,该按钮颜色变深,再按该面板右上角处的【颜色类型】下拉框,可选择纯色、线性渐变、径向渐变、位图填充,如图 2-77 所示。

如果选择线性渐变进行设置,渐变下面的渐变条,可用鼠标左键单击在滑条上随意加上取色点,设置颜色。如果添加点过多,可以直接拖曳点到颜色面板之外即为删除,如图 2-78 所示。如果选择径向渐变进行设置,其设置与线性渐变类似,如图 2-79 所示。

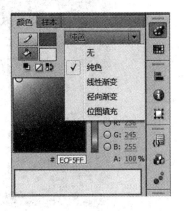

图 2-77　颜色面板

绘制与编辑图形

图 2-78 线性渐变

图 2-79 径向渐变

2.3.7 喷涂刷工具

【刷子工具】下拉选项中就是【喷涂刷工具】，其可以将图案喷涂在舞台上。该工具除了使用像雪花一样的喷射点之外，还可以将库中的元件作为图案应用。

喷涂刷工具的属性面板简介：

编辑按钮：可选择元件作为最小的元素。

缩放宽度/缩放高度：设置该元件的宽和高。

随机播放：随机改变元件大小。

旋转元件：围绕中心点旋转元件。

随机旋转：随机旋转元件的角度。

📖 拓展训练

任务场景：为绘制的卡通角色添加背景，烘托气氛，最终效果如图 2-80 所示。

图 2-80 最终效果图

实现步骤如下：

（1）打开 Flash CS6，选择【文件】|【打开】命令，在弹出的【打开】对话框中找到上一个实例所存储的目标文件夹，选择文件，单击"打开"按钮，便打开了上一个实例 Flash 源文件。选择【文件】|【另存为】命令，在弹出的【另存为】对话框中设置文件名称为"卡通角色及背景"，保存类型为（＊.fla）格式，单击【保存】按钮。

（2）新建图层，命名为"背景层"，如图 2-81 所示。将背景层用鼠标拖曳到绘制层下面，并隐藏和锁定绘制层，继续锁定草稿层，如图 2-82 所示。

图 2-81　新建背景层　　　　　　　　　　图 2-82　时间轴面板设置图

（3）在背景层的第一帧绘制背景。在工具面板中选择【矩形工具】▢、【椭圆工具】◯、【线条工具】◥等绘制完成轮廓稿，背景一般要画的比舞台略微大一点，以免露馅，中间的深灰色部分为舞台背景颜色，如图 2-83 所示。

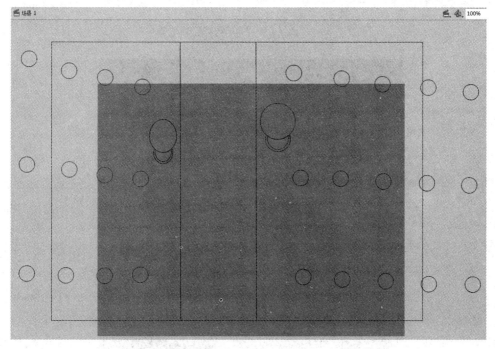

图 2-83　绘制轮廓稿

（4）使用【颜料桶工具】◇为背景填色，效果如图 2-84 所示。

（5）新建图层，改名为"气氛层"，为画面增添下雪的气氛。锁定其他图层，选择"气氛层"的第一帧，用【刷子工具】✐绘制如图 2-85 所示白色雪花部分，雪花朵相对角色来说很小，所以，可以先将视图放大许多了再去绘制。然后用【任意变形工具】▦点选，将中心点移动到最底边的中间处。

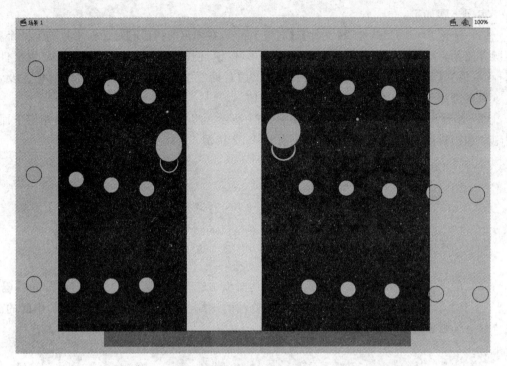

图 2-84 颜色填充

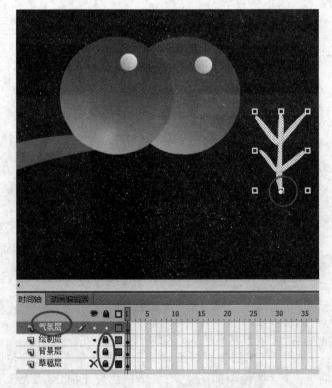

图 2-85 雪花瓣绘制

（6）调出【变形面板】，如图 2-86 所示，设置旋转为 60°，然后多次单击【重制选区和变形】图，效果如图 2-87 所示。

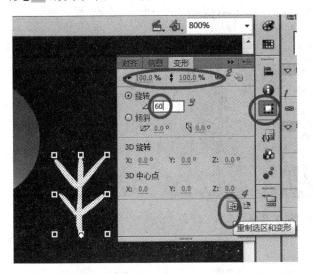

图 2-86　变形面板设置步骤图

图 2-87　雪花完成稿

（7）全选雪花图形，按 F8 快捷键将雪花转成图形元件，弹出面板如图 2-88 所示，修改名称，并选择图形元件类型，再单击确定按钮，观察【库】面板中应该有雪花图形元件，如图 2-89 所示。

图 2-88　雪花图形元件转换图

图 2-89　【库】面板中的雪花元件

（8）在工具面板中选择【喷涂刷工具】，按照图 2-90 步骤进行设置。其中缩放宽度和高度可以实时调整，让喷涂出来的雪花具备更多的变化和层次，效果如图 2-91 所示。

（9）对画面进行整体调整，为角色添加地上投影。利用椭圆工具，其设置如图 2-92 所示。将角色往右下稍微挪动，使其与背景的关系更为合理，最终调整完的效果如图 2-93 所示。

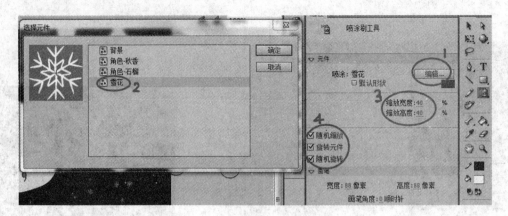

图 2-90　喷涂刷工具属性设置步骤图

图 2-91　雪花喷涂效果图

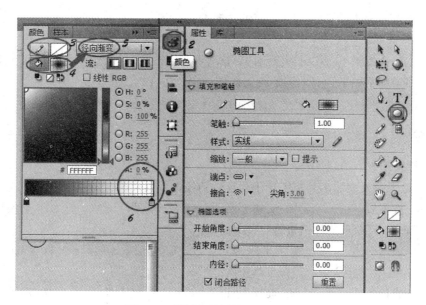

图 2-92　椭圆工具属性设置步骤图

图 2-93　最终效果图

本 章 小 结

本章主要介绍了 Flash 图形绘制的方法,同时还提供了 4 个由浅入深的有价值的实例,从各个方面详细阐述了全面的图形绘制操作步骤及实现方法。

习　　题

一、选择题

1. 无论视图放大缩小其粗细皆不受影响的线条是(　　)。

　　A. 极细线　　　　　　B. 实线　　　　　　C. 虚线　　　　　　D. 点状线

2. 打散/分离图形的快捷键是(　　)。

　　A. Ctrl+G　　　　　　B. Ctrl+A　　　　　C. Ctrl+B　　　　　D. Ctrl+C

3. 鼠标吸附功能是在(　　)工具模式之下。

　　A. 线条工具　　　　　B. 选择工具　　　　C. 铅笔工具　　　　D. 钢笔工具

4. "插入关键帧"的快捷键是(　　)。

　　A. F5　　　　　　　　B. F6　　　　　　　C. F7　　　　　　　D. F8

5. 将光标移到锚点上,单击可将曲线转换为直线;在锚点处点击拖曳,便可以将直线转换为曲线的工具是(　　)。

　　A. 钢笔工具　　　　　B. 添加锚点工具　　C. 删除锚点工具　　D. 转换锚点工具

6. 刷子工具模式下,笔刷经过之处,只有线条不受任何影响的是(　　)功能。

　　A. 颜料填充　　　　　B. 颜料选择　　　　C. 后面绘画　　　　D. 内部绘画

7. 更适用与手绘板绘图的工具是(　　)。

　　A. 线条工具和铅笔工具　　　　　　　　B. 多角星形工具

　　C. 铅笔工具和刷子工具　　　　　　　　D. 线条工具和钢笔工具

8. 在下列选项中,选择不能直接绘制线条的工具(　　)。

　　A. 线条工具　　　　　B. 铅笔工具　　　　C. 矩形工具　　　　D. 刷子工具

二、操作题

1. 根据图 2-94 草图,绘制出这个卡通角色的线色稿如图 2-95 所示。

图 2-94　草图　　　　　　　　　　　　图 2-95　线色稿

2. 绘制带场景的 Flash 插画,效果如图 2-96 所示。

图 2-96　效果图

三、思考题

1. 如何创建五角星形?

2. 如何使用对齐面板和变形面板?

3. 如何使用颜色面板编辑各种填充类型?

第3章 外部素材导入

学习目标
- 了解图像素材、声音素材、视频素材的导入、编辑与使用。
- 掌握使用外部图片、声音方面的知识，运用到实例中。
- 掌握导入与加载视频的相关知识。

　　声音与视频是 Flash 动画最为精彩的部分，能使动画充满了魅力，给人以震撼。掌握声音和视频的合理运用，是提升作品价值的一个极其重要的方面。本章将要完成在动画中添加声音，以及导入视频、编辑视频的相关任务。

3.1　实例引入——给角色添加背景

　　任务场景：当绘制完成一个角色之后，作为背景太单调了不好看，该实例就是将一张图片素材导入舞台中作为背景进行画面的充实。

　　实现步骤如下：

　　（1）直接双击打开"眨眼睛.fla"工程源文件，如图 3-1 所示。选择【文件】|【导入】|【导入到库】命令，如图 3-2 所示。

　　（2）在【导入到库】面板中，选择目标文件夹中的"花布格子.jpg"文件，单击【打开】按钮，如图 3-3 所示，再看【库】面板中，花布格子文件已经在库中，如图 3-4 所示。鼠标拖曳到舞台中，调整大小合适即可作为背景，效果如图 3-5 所示。

图 3-1　打开源文件

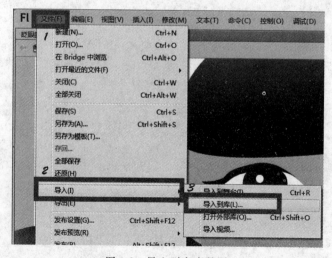

图 3-2　导入到库步骤图

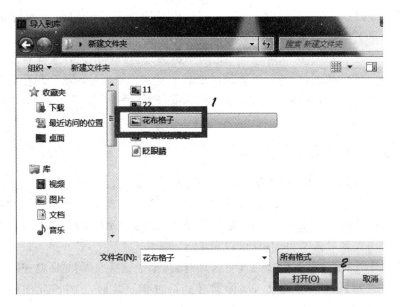

图 3-3　打开文件步骤图

图 3-4　【库】面板

图 3-5　最终效果图

✍ 知识点（导入和编辑图像）

3.1.1　图像素材的格式

　　根据图像显示原理不同，图形可以分为位图和矢量图。

　　位图：由像素或点的网格组成。将其放大到一定程度，就能发现它是由一个个小方格组成的，这些小方格被称为像素。一个像素就是图像中最小的图像元素，位图的大小和质量取决于图像中像素的多少。一般说来，每平方英寸的面积上所含像素越多，颜色之前的混合也越平滑,但同时文件也越大。缺点是缩放和旋转时图像容易失真,同时文件容量较大。

矢量图:由数字公式、指令组成,放大、缩小不会失真。占用内存空间较小,因为这种类型文件包含独立的分离图像,故可以无限制地重新组合。缺点是不易表现色彩层次丰富、变化太多的逼真图像。Flash 所绘制的图形就是矢量图形,另外,EPS 和 WMF 等格式的图像也是矢量图。

3.1.2 导入图像素材

在 Flash 中,不仅可以直接利用工具绘制图形,还可以直接使用图片。其能够导入矢量图形、位图和图像序列。可导入的图片格式有 JPEG、GIF、AI、PSD、BMP、WMF、EPS、DXF、EMF、TGA、PNG、TIFF 等。一般来说,最好使用 WMF、EPS 等格式的矢量图形文件。可以直接将图像导入舞台中,也可以直接导入库中。

在菜单栏中选择【文件】|【导入】|【导入到舞台】命令,在【导入】对话框中,选择准备导入的图片,单击【打开】按钮,即可导入图像素材到舞台中。此时,库中也有相应的图像素材文件。

在菜单栏中选择【文件】|【导入】|【导入到库】命令,在【导入到库】对话框中,选择准备导入的图片,单击【打开】按钮,即可导入图像素材到库。直接拖曳库中图像到舞台即可编辑。

舞台中的图像有可能太大,此时,只要利用选择工具点选该图,在属性面板改其宽的大小与舞台大小一致即可快速缩小该图,然后利用对齐面板【窗口】|【对齐】(快捷键为 Ctrl+K),勾选与"舞台对齐"之后,再单击"水平中齐"、"垂直中齐"按钮即可使之放在画面正中间。如果此图太小,可以利用任意变形工具(快捷键为 Q)按住 Shift 键将其等比缩放至理想大小。

3.1.3 将位图转换为图形

位图在 Flash 中,一般作为背景图片使用,当作为图形使用时,一般要进行打散分离或转换为矢量图处理。

要分离位图,首先应选择当前场景中的位图,然后选择【修改】|【分离】命令(或是按 Ctrl+B 快捷键)。打散分离位图会将图像中的像素分散到离散的区域中,生成多个独立的填充区域和线条,从而能使用 Flash 中的绘图或填充工具对其进行修改。也可以使用"套索"工具中的"魔术棒"功能,选择已经分离的位图区域。

3.1.4 将位图转换为矢量图

某些时候,需要将位图转换为矢量图使用。Flash 软件中就有这种功能。具体操作如下:

新建文档,在菜单栏中选择【文件】|【导入】|【导入到舞台】命令,导入一张位图。选中位图,在菜单栏中选择【修改】|【位图】|【转换位图为矢量图】命令。弹出【转换位图为矢量图】对话框,设置参数之后单击【确定】按钮。通过以上三个步骤即可完成将位图转换为矢量图的操作。

参数含义：颜色阀值——可以设置转换颜色范围（数值越低，颜色转换越丰富）；最小区域——可以设置转换图形的精确度（数值越低，精确度越高）；角阀值——可以设置图像上尖角转换的平滑度；曲线拟合——可以设置曲线的平滑度。

📖 拓展训练

任务场景：制作角色动画需要用矢量图，但是角色设定的时候用的是 Photoshop 位图软件，绘制出来的角色可以直接转换为矢量图再使用。

实现步骤如下：

（1）打开 Flash CS6，选择【文件】|【新建】命令，在弹出的【新建文档】对话框中选择 ActionScript 3.0 选项，新建一个 Flash 工程文件，另存为"位图转换为矢量图"文件。

（2）选择【文件】|【导入】|【导入到库】命令。在【导入到库】面板中，选择目标文件夹中的"平安角色设定.jpg"文件，单击【打开】按钮。再看【库】面板中，"平安角色设定.jpg"文件已经在库中。用鼠标左键单击拖曳到舞台，调整到大小合适，如图 3-6 所示。

图 3-6　位图导入

（3）选择当前场景中的位图，选择【修改】|【位图】|【转换位图为矢量图】命令，如图 3-7 所示。

（4）打开【转换位图为矢量图】对话框，如图 3-8 所示。可以看出，设置完成的矢量图效果并不理想，损失的细节太多，如图 3-9 所示。

（5）通过按 Ctrl＋Z 键返回到第 3 步骤，打开【转换位图为矢量图】对话框，如图 3-10 所示。此时的矢量图效果就比较接近源图像，细节保留比较完善，如图 3-11 所示。

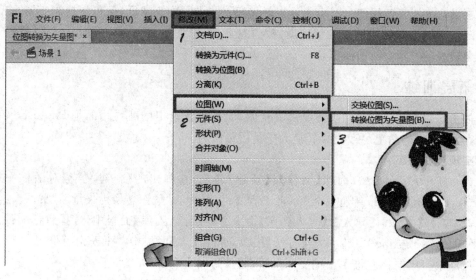

图 3-7　转换位图为矢量图步骤图

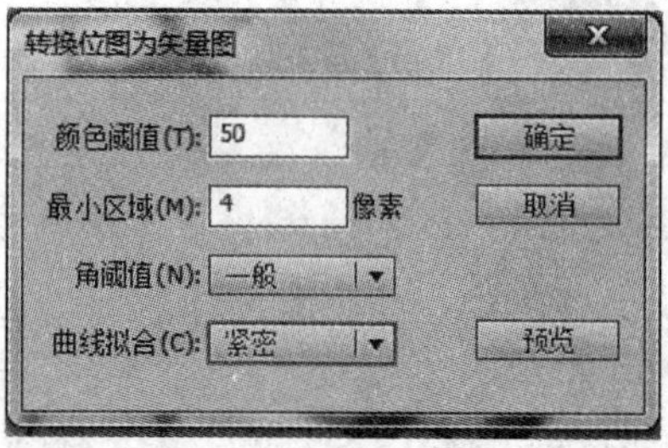

图 3-8　转换位图为矢量图属性设置一

图 3-9　效果图一

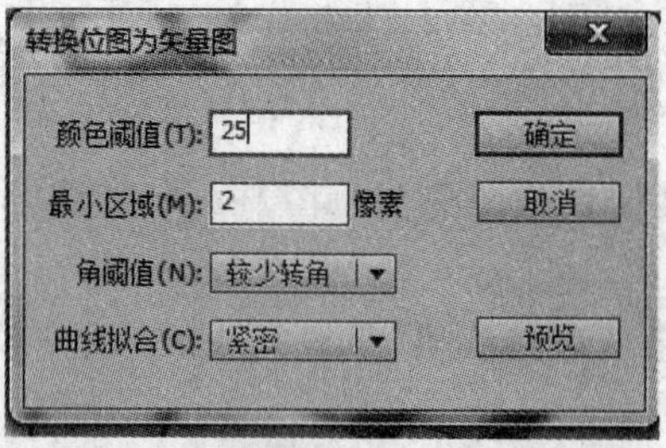

图 3-10　转换位图为矢量图属性设置二

图 3-11　效果图二

3.2 实例引入——按钮添加声音

任务场景：给"按钮元件"添加声音。

实现步骤如下：

（1）直接双击打开"按钮元件.fla"工程源文件，如图 3-12 所示。双击按钮图像进入到元件内部，如图 3-13 所示。

图 3-12　打开源文件

图 3-13　进入元件内部

（2）导声音文件入库：选择【文件】|【导入】|【导入到库】命令，如图 3-14 所示，选择需要用的"按钮音 10"文件，单击【打开】按钮。可见【库】中已有刚刚选择的声音，如图 3-15 所示。

图 3-14　导入到库面板

（3）点选图层 1 的第二帧"指针经过"，然后将【库】中的"按钮音 10"拖曳到舞台中，可发现"指针经过帧"上有一条小横线，证明音效已经添加成功，如图 3-16 所示。

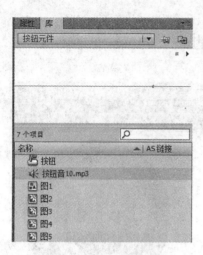

图 3-15　库面板

图 3-16　音效添加后时间轴状态

（4）点选图层 1 的第二帧"指针经过"，如图 3-17 所示。在【属性】面板设置：事件，重复 1 次，如图 3-18 所示。按 Ctrl＋Enter 快捷键测试，可发现当鼠标经过按钮时会有声音。

图 3-17　选择第二帧状态

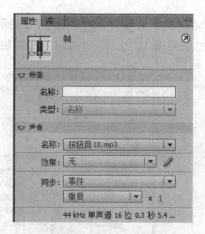

图 3-18　设置声音属性

✍ 知识点（导入和编辑声音）

在 Flash 动画设计中，音效是不可缺少的重要元素，声音得到合理的应用将会使动画效果更加完美。Flash CS6 提供了多种使用声音的方式，通过设置不同的方式可以使声音独立于时间轴连续播放,或使动画与一个声音同步播放,还可以向按钮添加声音,使按钮具有更强的感染力。还可以通过设置淡入淡出效果使声音更加完美地表现在观众面前。

3.2.1 音频的基本知识

声音的采样频率:指的是计算机每秒钟采集多少个声音样本,是描述声音文件的音质、音调,衡量声卡、声音文件的质量标准。采样频率越高,数据就越多,对声音波形的表示也越精确,声音就与原始声音越接近。一般 CD 音乐的采样率是 44.1kHz(即每秒采样 44100次),FM 收音机的采样率为 22.05kHz,按钮等声音效果的采样率是 11.025kHz。大部分声卡的内置采样率都是 44.1kHz,因此,Flash 动画中声音的采样率应是 44.1 的倍数,如22.05、11.025kHz 等。如果使用非 44.1 倍数采样率的声音,Flash 会对其重新采样。虽然在 Flash 中也可以播放,但是播放的声音会与原始声音的音效有偏差,会影响 Flash 动画的整体效果。

声音的位深:是指录制每一个声音样本的精确程度。位深级数越多,样本的精确程度就越高,声音的质量也就越好。CD 音乐的位深是 16 位(用于高保真声音或音乐),FM 收音机的位深是 10 位(用于音乐片段)。考虑到 Flash 动画最后的存储大小,最长用到的位深是8 位位深(用于人声或音效),比如制作 MTV 等音乐类动画。4 位位深常用于 Flash 影片中的背景音乐,在制作纯 Flash 网站时可用 4 位位深的音频作为背景音乐。

3.2.2 声音素材的格式

从声音的信息量来看,16 位的声音信息要比 8 位的声音信息容量大得多。不过,实际运用是却不一定,这是因为声音信息最终是以一定的文件格式保存的,而声音的文件格式对声音的品质、声音文件的大小有着较大的影响。一般声音的文件格式可以分为无损压缩格式和有损压缩格式两种类型。无损压缩格式文件较大,这种类型常见的文件格式有 WAV、AIFF 等;有损压缩格式文件较小,这种类型常见的文件格式有 MP3、RM 等。

可以导入到 Flash 中使用的声音素材,一般说来有三种格式:MP3、WAV、AIFF。

MP3:是最熟悉的一种数字音频格式,相同长度的音频文件用 MP3 格式存储,一般只有 WAV 格式的十分之一,具有体积小、传输方便的优点,而且拥有较好的声音质量。

WAV:该文件直接保存对声音波形的采样数据,数据没有经过压缩,WAV 格式的音频文件支持立体声和单道声,也可以是多种分辨率和采样率。主要缺点就是需要音频存储空间,对于小的存储限制或小宽带应用而言,就成了一个重要问题。

AIFF:是苹果公司开发的一种声音文件格式,被 Macintosh 平台及其运用程序所支持。它是苹果电脑上的标准音频格式,属于 QuickTime 技术的一部分,支持 MAC 平台和16 位 44kHz 立体声。

3.2.3 导入声音的方法

一般来说,推荐使用 MP3 格式的素材,因为它既能够保持高保真的音效,还可以在Flash 中得到更好的压缩效果。具体方法如下:

在菜单栏中,选择【文件】|【导入】|【导入到库】命令。

弹出【导入到库】对话框,选择准备导入的音频文件,单击【打开】按钮。

此时,声音文件被导入到库中,拖曳文件到舞台中,即可在时间轴面板上显示声音。有时候会出现准备好的声音文件是 MP3 格式,但却显示"不能导入",这时候,需要用专门的音频转换软件将该音频文件转一次格式,仍然转换为 MP3 格式,再次导入即可。

3.2.4 使用声音的注意事项

为影片添加声音的方法有两种:一种是直接从【库】面板中拖曳;二是通过【属性】面板进行添加。

在【库】面板中,将导入的声音单击并拖曳到舞台上,并适当增加延长帧,即可添加声音。

在【时间轴】面板上,选中用于放置声音的关键帧,并单击展开【属性】面板,在声音区域中,单击名称后面的下拉箭头,选择准备添加的声音即可完成操作。

声音类型分为两种:事件声音(默认)、数据流声音。

给"按钮元件"加声效时一定要用"事件声音"类型。最好是新建专门的声音图层,在按钮的每一帧都插入空白关键帧(快捷键 F7),再添加音效。也可使用同一声音文件,然后为按钮的每一个关键帧应用不同的声音效果。

"数据流声音"经常用来做背景音乐。

3.2.5 编辑声音

声音添加完成之后,可以对声音的效果进行设置和编辑,例如剪裁、改变音量和使用 Flash 预置的多种声音进行设置等等,从而使其符合动画的要求。对于导入的音频文件,可以通过【声音属性】对话框、【属性】面板和【编辑封套】对话框处理声音效果。

压缩声音:双击库中的声音图标,mp3 压缩最常用。

(1) 设置声音的同步方式

同步是指设置声音的同步类型,即设置声音与动画是否进行同步播放。单击【属性】面板【声音】选项面板中的【同步】下拉按钮,弹出如图 3-19 所示的下拉列表。

其中各个选项的含义如下:

事件:一般在不需要控制声音播放的动画中使用。只要声音开始播放,便独立于时间轴播放完整个声音,即使影片停止也继续播放该声音。

开始:该选项与事件选项的功能近似,若选择的声音实例已在时间轴上的其他地方播放过了,Flash 将不会再播放该实例。

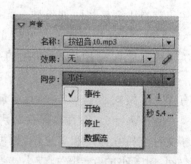

图 3-19 设置声音的同步类型

停止:可以使正在播放的声音文件停止。

数据流:将使动画与声音同步,以便在 Web 站点上播放。

(2) 设置声音的重复播放

如要使声音在影片中重复播放,可以在【属性】面板中设置声音重复或者循环播放。在【声音循环】下拉列表中有两个选项,如图 3-20 所示。

重复:选择该选项之后,在右侧的数值框中可设置播放的次数,默认的是循环播放一次。

循环：选择该选项之后,声音可以一直不停地循环播放。

(3) 设置声音的效果

在【效果】下拉列表中进行选择可以为声音添加不同的效果。在【属性】面板【声音】选项面板中的【效果】下拉列表中提供了多种播放声音的效果选项,如图 3-21 所示。

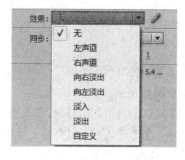

图 3-20　声音循环下拉列表　　　　　图 3-21　声音效果下拉列表

无：不使用任何效果。

左/右声道：只在左声道或者右声道播放音频。

向右/左淡出：声音的播放从左/右声道向右/左声道渐变。

淡入/淡出：表示在声音的持续时间内慢慢地增大/减小声量。

自定义：自己创建声音效果,若选择该选项,弹出【编辑封套】对话框,在该对话框中可编辑音频,如图 3-22 所示。

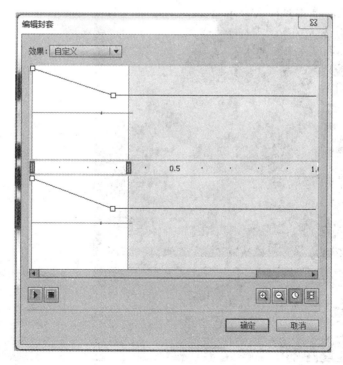

图 3-22　编辑封套对话框

在【编辑封套】对话框中，分为上下两个编辑区，上方代表左声道、下方代表右声道编辑区，在每一个编辑区的上方都用一条带着小方框的控制线，可以通过调整声音的大小、淡入和淡出等。白色的小方框称为"节点"，上下拖动可调节音量大小，单击可增加节点，拖动它到编辑区外则可以删除。还可改变声音的起始、终止位置。

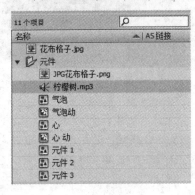

图 3-23　库面板

📖 拓展训练

任务场景：为"眨眼睛. fla"实例添加背景音乐。

实现步骤如下：

（1）直接双击打开"眨眼睛. fla"工程源文件。选择【文件】|【导入】|【导入到库】命令。在【导入到库】面板中，选择目标文件夹中的"柠檬树. mp3"文件，单击【打开】按钮，再看【库】面板中，"柠檬树. mp3"文件已经在库中，如图 3-23 所示。

（2）新建一个图层，命名为"音乐"，选择第一帧。用鼠标左键直接拖曳"柠檬树. mp3"文件到舞台，效果如图 3-24 所示。

（3）在【属性】面板设置：开始，循环，如图 3-25 所示。

图 3-24　声音在舞台上时间轴显示效果

图 3-25　声音属性设置

3.3　实例引入——视频导入

任务场景：在 Flash 中导入视频文件。

实现步骤如下：

（1）在 Flash 中新建文档，在菜单栏中选择【文件】|【导入】|【导入视频】命令，如图 3-26 所示。

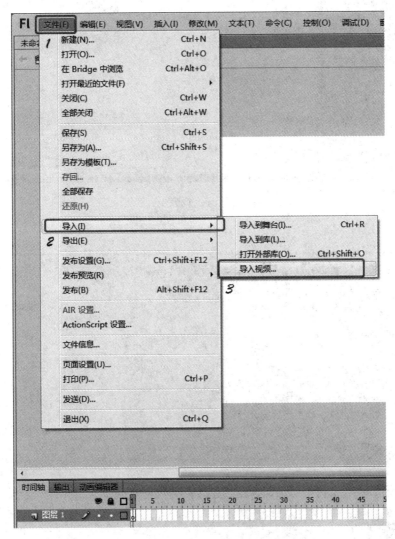

图 3-26　导入视频步骤图

（2）弹出【导入视频】对话框，单击【浏览】按钮，弹出【打开】对话框，先选择准备导入的视频文件，再单击【打开】按钮，如图 3-27 所示。

（3）系统自动弹出【导入视频】对话框，单击【下一步】按钮，如图 3-28 所示。

（4）进入外观设置，在此可以设置视频的外观和播放器的颜色，单击【下一步】按钮，如图 3-29 所示。

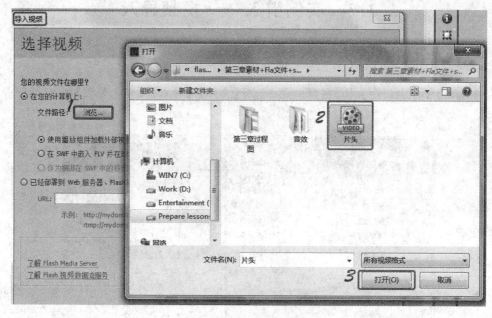

图 3-27 导入视频步骤图

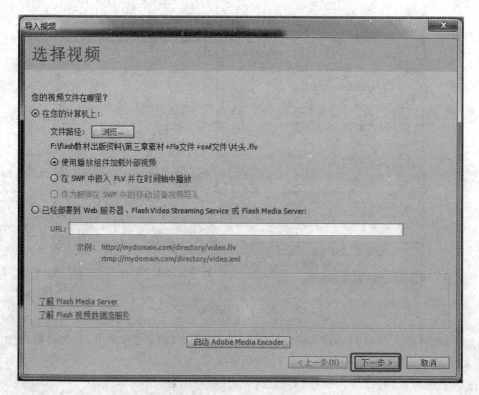

图 3-28 导入视频步骤图

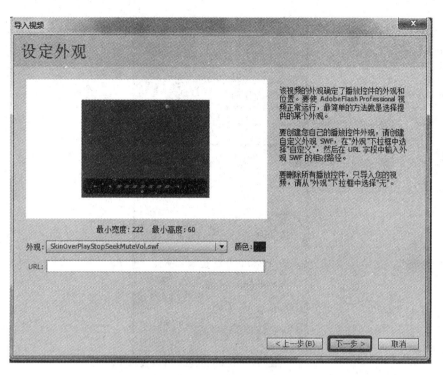

图 3-29　设定外观面板

（5）在【导入视频】对话框中，显示"完成视频导入"，显示视频的位置及其他信息，单击【完成】按钮，如图 3-30 所示。在【属性】面板中可设置视频的位置和大小，如图 3-31 所示。

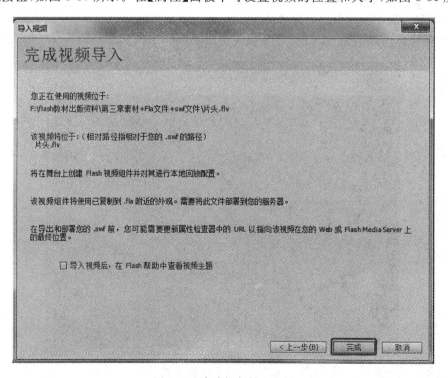

图 3-30　完成视频导入面板

外部素材导入

图 3-31　设置视频的位置和大小

　　使用【属性】面板，可以更改舞台上嵌入或链接视频剪辑的实例属性，在【属性】面板中，可以为实例指定名称，设置宽度、高度和舞台坐标位置；也可以直接在【库】面板中，右击视频文件，在弹出的快捷菜单栏中选择属性选项，进行相应的设置。

　　(6) 保存文件，按下 Ctrl＋Enter 快捷键预览视频，如图 3-32 所示。

图 3-32　最终效果预览

✍ 知识点（导入和编辑视频）

视频是图像的有机序列，是多媒体重要要素之一。在 Flash 中使用视频的时候，可以进行导入、裁剪等操作，还可以控制播放进程，但是不能修改视频中的具体内容。

导入视频之后，可以修改它的时间起点、时间终点和显示区域，但是不能改变画面中的文字和人物。根据视频格式和所选导入方法的不同，可以将具有视频的影片发布为 Flash 影片 SWF 文件或 QuickTime 影片 MOV 文件。在导入视频剪辑时，可以将其设置为嵌入文件或链接文件两种方式。

3.3.1 视频的基本知识

Flash 支持的视频类型会因电脑所安装的软件不同而不同。

计算机上安装 QuickTime 7 及其以上版本，支持 AVI、MPG/MPEG、MOV、DV 等格式的视频剪辑；电脑上安装 DirectX9 或更高版本，则在导入嵌入视频时支持 AVI、MPG/MPEG、WMV/ASF 等格式的视频剪辑。

为了大多数计算机考虑，使用 Sorenson Spark 编码器编码 FLV 文件是明智之选，FLV 是 Flash video 的简称，FLV 流媒体格式是一种新的视频格式。由于它文件极小，加载速度快，有效地解决了视频文件导入 Flash 后使导出的 SWF 文件体积庞大，不能在网络上很好使用的缺点。

3.3.2 视频格式的转换

在 Flash 文档中导入视频时，不一定每一个视频文件都适合 Flash 文档的需求，这就需要对视频文件进行相应设置。如果加载的视频格式是 Flash 不支持的文件格式，那么 Flash 会打开系统提示信息对话框，表明无法完成该操作。必须先用"格式工厂"插件将其转换格式（一般转成 ∗.flv 格式），再次导入便可以成功加载视频。

3.3.3 导入视频的方法

在 Flash CS6 中，可以将现有的视频文件导入到当前的文档中，通过指导用户完成选择现有视频文件的过程，并导入该文件以供在 3 个不同的视频回放方案中使用。执行【文件】|【导入】|【导入视频】命令，即可打开【导入视频】对话框，在【导入视频】对话框中提供了 3 个视频导入选项，如图 3-33 所示。

各选项的含义分别介绍如下：

（1）使用播放组件加载外部视频：导入视频并创建 FLV Playback 组件的实例以控制视频回放。将 Flash 文档作为 SWF 发布并将其上传到 Web 服务器时，还必须将视频文件上传到 Web 服务器或 Flash Media Server，并按照已上传视频文件的位置配置 FLV Playback 组件。

（2）在 SWF 中嵌入 FLV 或 F4V 并在时间轴中播放：将 FLV 或 F4V 嵌入到 Flash 文档中。这样导入视频时，该视频放置于时间轴中可以看到时间轴中所表示的各个视频帧的

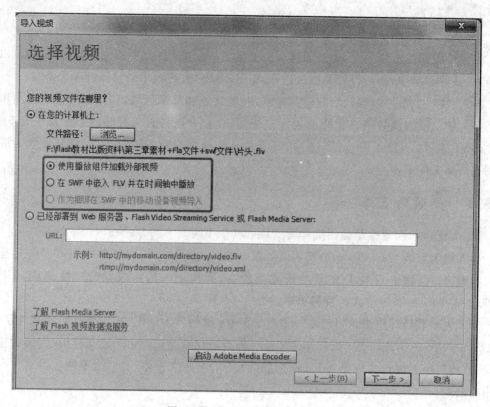

图 3-33　设置导入视频对话框

位置。嵌入的 FLV 或 F4V 视频文件成为 Flash 文档的一部分,可以使此视频文件与舞台上的其他元素同步,但是也可能会出现声音同步的问题,同时 SWF 文件大小也会增加。一般来说,品质越高,文件越大。

（3）作为捆绑在 SWF 文件中的移动设备视频导入:与在 Flash 文档中嵌入视频类似,将视频绑定到 Flash Lite 文档中以部署到移动设备。若要使用此功能,必须以 Flash Lite 2.0 或更高版本为目标。

📖 拓展训练

任务场景:当视频文件无法导入的时候,需要对该视频文件进行处理。

实现步骤如下:

（1）双击 ![图标] 安装该软件,然后进入【格式工厂】工作界面,单击【所有转到 FLV】按钮;弹出【所有转到 FLV】界面,单击【添加文件】按钮,弹出【打开】界面,选择目标文件"片头",再单击【打开】按钮,如图 3-34 所示。

（2）弹出【格式工厂】工作界面,单击【开始】按钮,如图 3-35 所示。

（3）观察转换状态,直至显示"完成",如图 3-36 所示。该格式为可用于 Flash 的视频文件格式。

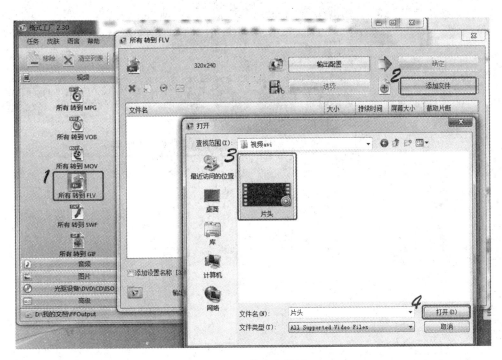

图 3-34　操作步骤图

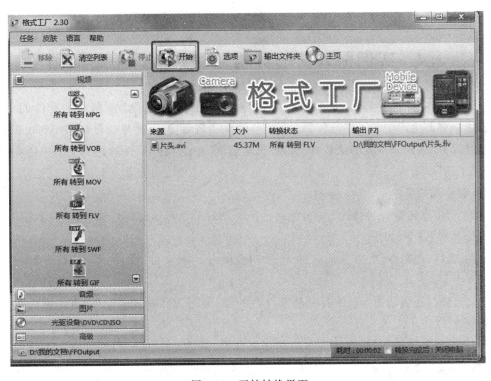

图 3-35　开始转换界面

第
3
章

外部素材导入

图 3-36　转换状态图

3.4　实例引入——环境监测站水厂子站插画

任务场景：在制作 Flash 动画过程中，有时会出现需要使用之前制作的元件的情况。此时，可以将其他库中的元件拖放到当前制作动画的舞台中，软件将会自动添加到现有动画文件的【库】面板中。本实例就是将"插画-长期监测"中的"树"元件运用到"插画-环境监测站水厂子站"中来。

实现步骤如下：

(1) 直接双击打开"插画-环境监测站水厂子站.fla"工程源文件。选择【文件】|【导入】|【打开外部库】命令，如图 3-37 所示。

(2) 选择需要打开的外部库（"插画-长期监测.fla"源文件）文件，单击【打开】按钮，如图 3-38 所示。

(3) 此时，在当前的面板中打开外部文件的库，便可选择需要的元件，直接拖曳到舞台中，如图 3-39 所示。

(4) 按照文件需要，将"树"元件运用到舞台中，调整元件的透明度，使画面产生前后远近的感觉，如图 3-40 所示。

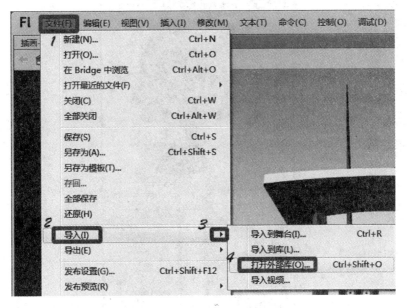

图 3-37　导入外部库步骤图

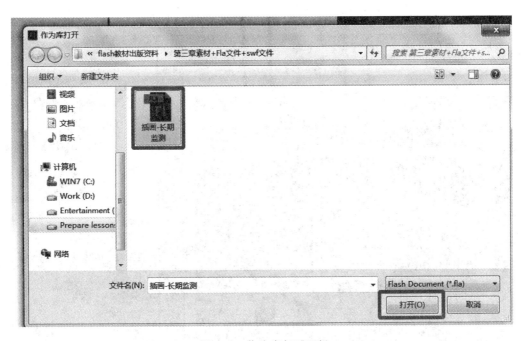

图 3-38　作为库打开面板

图 3-39　外部库面板

图 3-40　调整元件透明度效果图

✍ 知识点（导入外部库文件）

3.4.1　库面板

库，可以理解为 Flash 的"仓库"，它是用来存储、组织、导入文件的地方。包括元件、位图图形、声音文件和视频剪辑。

【库】面板可以对库中资源进行有效管理，组织文件夹中的库项目，查看项目在文档中的使用频率，并按照类型对项目排序。

在【库】面板中，常用的按钮有【新建元件】按钮、【新建文件夹】按钮、【属性】按钮、【删除】按钮等，【库】面板界面及常见按钮位置如图 3-41 所示。

常见按钮功能如下：

【新建元件】按钮：单击该按钮，可打开【创建新元件】对话框，在其中可以新建元件。

【新建文件夹】按钮：单击该按钮，可在面板中新建一个文件夹，用来管理放置元件。

【属性】按钮：在【库】面板中选择一个元件，再单击该按钮，将打开【元件属性】对话框，在其中可修改元件属性。

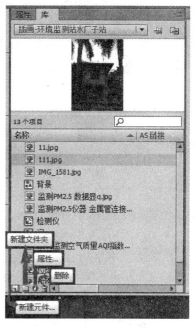

图 3-41　【库】面板界面及常见按钮位置

【删除】按钮：在【库】面板中选择一个元件，再单击该按钮，可以将该元件从面板中删除。

3.4.2　导入外部库的方法

为了制作的需要，需要调用其他影片中的元件，可以采用导入外部库的方法实现。在菜单栏中选择【文件】|【导入】|【打开外部库】命令，在弹出的对话框中打开"＊.fla"格式的文件，在窗口中便可以自动弹出刚刚载入的影片的【库】面板，选择需要使用的元件，直接拖曳到舞台即可。

本 章 小 结

本章主要介绍了外部素材的导入：图像素材、声音素材、视频素材、外部库文件的运用。同时还提供多个有价值的实例，详细阐述了素材导入的原理和制作流程。

习　　题

一、选择题

1. 以下关于矢量图和位图的说法中，错误的有（　　　　）。

    A. 矢量图与分辨率无关，这意味着它们可以显示在各种分辨率的输出设备上，而丝毫不影响品质

B. 用 Flash 绘图工具直接绘制出来的图像(包括文字)都是矢量图

C. 位图图像跟分辨率有关

D. 在 Flash 中导入位图后,可以通过分离和矢量化操作将其转换为矢量图,用这两种方法转换出的矢量图是一样的

2. 以下说法中,正确的有(　　　)。

A. 导入的位图转换为矢量图后,转换后的矢量图形的文件大小肯定比原来的位图文件小

B. 在将位图转换为矢量图时,设置"颜色阀值"的值越小,颜色转换就越多,与源图像的差别就越小

C. 在将位图转换为矢量图时,"曲线拟合"选项用于确定绘制的轮廓的平滑程度。轮廓越平滑,转换后的图像与源图像的差异就越小

D. 位图导入到 Flash 之后,还可以使用其他软件对其进行编辑

3. 以下有关在 Flash 中使用声音的说法中,正确的有(　　　)。

A. 导入的声音只能通过属性检查器添加到舞台

B. 在 Flash 中播放声音时,可以设置特殊的声音效果

C. 在 Flash 中可以自定义某些声音效果

D. 在 Flash 中一般不建议循环播放音频流,因为这会导致文件的大小增加

4. 在导入视频时,Flash CS6 共提供了(　　　)个视频导入选项。

A. 2　　　　　　　　B. 3　　　　　　　　C. 4　　　　　　　　D. 5

二、操作题

1. 将位图图 3-42 转换为矢量图图 3-43。

图 3-42　位图

图 3-43　矢量图

2. 创建按钮,当鼠标按下时有声音响起。

3. 在 Flash CS6 中绘制一个电视机外轮廓,如图 3-44 所示;并导入一段视频,最终效果如图 3-45 所示。

三、思考题

1. Flash CS6 如何导入位图文件到舞台?

2. Flash 可导入的常用音频格式有哪些?

3. Flash 可导入的常用视频格式有哪些?

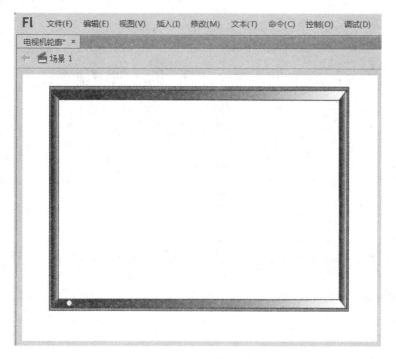

图 3-44　电视机外轮廓

图 3-45　最终效果图

外部素材导入

第4章　元件与库

学习目标

- 理解 Flash 中元件和库的概念和作用。
- 会使用元件和利用库制作动画。

元件是可以重复使用的图像、按钮或影片剪辑。元件实例则是元件在工作区中的具体体现。使用元件可以大大缩减文件的大小，加快电影的播放速度，还可以使编辑电影更加简单。利用库可以在一个动画中定义一个公共库，在以后制作其他动画的时候就可以链接该公共库，并使用其中的元件。

4.1　实例引入——制作图形元件

任务场景：制作图形元件，效果如图 4-1 所示。

图 4-1　"制作图形元件"效果

实现步骤如下：

（1）打开 Flash CS6，选择【文件】|【新建】命令，在弹出的【新建文档】对话框中选择 ActionScript 3.0 选项，文档尺寸"629 像素×380 像素"，其他选项默认即可，单击【确定】按

钮,新建一个 Flash 工程文件,如图 4-2 所示。

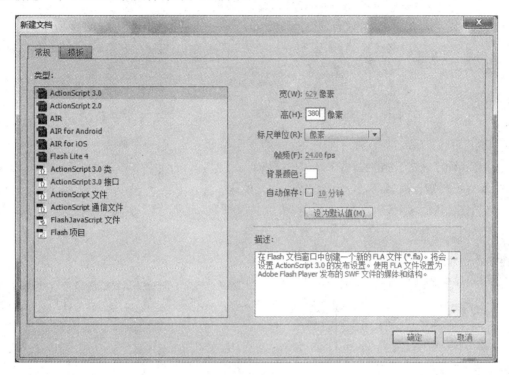

图 4-2 新建文档

（2）打开 4_1.fla 文件,从工作区中选中如图 4-3 所示的背景图片,并在菜单中选择【修改】|【转换为元件】命令。

图 4-3 背景图片

（3）在【转换为元件】对话框中,输入元件的名称,并在【类型】下拉列表中选择【图形】选项,如图 4-4 所示。

第
4
章

元件与库

图 4-4 【转换为元件】对话

（4）单击【确定】按钮后，按下 Ctrl+L 键打开【库】面板，如图 4-5 所示。可以看到转换好的元件已出现库面板中，背景图片成为该元件的实例。

（5）选择【插入】|【新建元件】命令，然后在如图 4-6 所示的【创建新元件】对话框中输入元件的名称"元件 1"，并设置元件类型为"图形"。

图 4-5 【库】面板

图 4-6 【创建新元件】对话框

（6）单击【确定】按钮后，Flash 会将该元件添加到库中，并切换到元件编辑模式。在元件编辑模式下，元件的名称将出现在舞台左上角，并由一个十字表明该元件的注册点，如图 4-7 所示。

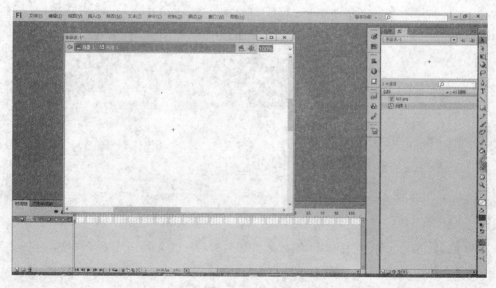

图 4-7 元件编辑

（7）要创建元件内容，可使用时间轴，用绘画工具绘制、导入介质或创建其他元件的实例，这里使用文字工具输入 Flash 字样，如图 4-8 所示。

图 4-8　编辑元件内容

（8）当建立完元件内容，可以在菜单中选择【编辑】|【编辑文档】命令或单击左上角"场景 1"退出元件编辑模式，【库】面板中出现了建立的元件，将其拖曳到舞台上，如图 4-9 所示。

图 4-9　工作区状态

（9）保存文件，测试动画效果。

✍ **知识点**

4.1.1　认识元件

元件是可以在文档中重复使用的元素。元件可以包括图形、按钮、视频剪辑、声音文件或字体。当创建一个元件时,该元件会存储在文件的库中。将元件放在舞台上时,就会创建该元件的一个实例。

元件减少了文件大小,因为无论创建多少个元件实例,Flash 只会将该元件在文件中存储一次。对于在文档中多次出现的每个元素,使用元件、动画或其他方式是很好的做法。可以修改实例的属性而不影响元件,并可以通过编辑元件来更改所有实例。在影片中使用元件会像变戏法似的缩减文件的尺寸。对一个元件保存不同的参考值比对每个事件中的元素存储全部的描述信息所占空间要小得多。每个元件可以创建多个实例,如图 4-10 所示。

图 4-10　同一个元件的多个实例

每个元件都有一个唯一的时间轴和舞台以及几个层。创建元件时选择何种元件类型,这取决于在影片中如何使用该元件。

对于静态图像可以使用图形元件,并可以创建几个连接到主影片时间轴上的可重用动画片段。

4.1.2　元件的三种类型

在 Flash 中,元件包括图形、按钮、影片剪辑 3 种形式。

(1) 图形元件:指静止的矢量图形或没有音效或交互的简单动画(GIF 动画)。

(2) 影片剪辑(MovieClip)元件:用于创建可独立于主时间轴播放并可重复使用的动画片段。影片剪辑就像主时间轴中的独立小电影,例如主时间轴中只有 1 帧,其内的影片剪辑元件有 10 帧,则该 10 帧影片剪辑元件仍能完整播放。影片剪辑支持音频信息、交互响应或包含另一个元件等。

(3) 按钮(Button)元件:支持鼠标操作,用于创建鼠标事件,如单击、指向等,做出相应的交互式按钮。

1. 图形元件

图形元件可以是矢量图形、图像、动画或声音,没有交互性。它具有独立的编辑区域和播放时间。当将其应用到场景中时,会受到场景中帧序列和其他交互设置的影响。创建图形元件的方法通常有两种:第一种是创建新元件,即直接创建空白元件,然后再对其进行编辑。第二种是转换为元件,读者可以参考前面的实例引入,其中将背景图片转换为了图形元件。

创建图形元件举例:

(1) 选择【插入】|【新建元件】命令,或者按 Ctrl+F8 组合键,弹出【创建新元件】对话框,如图 4-11 所示。

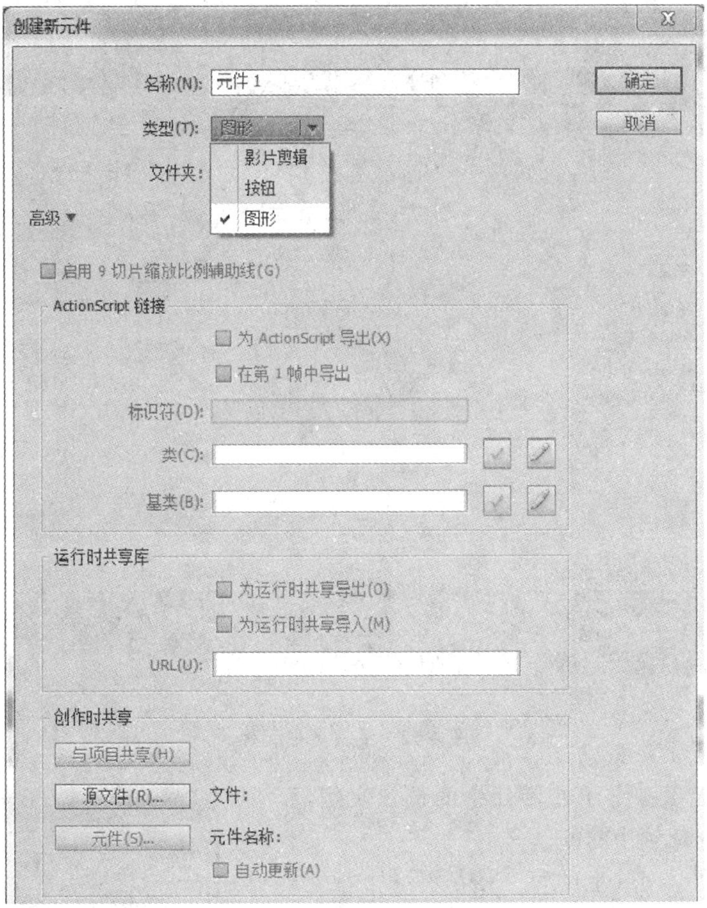

图 4-11 【创建新元件】对话框

（2）选中【图形】下拉项即表示将该元件设置为图形元件，然后在【名称】文本框中输入元件名称，默认名称是"元件 1"。

单击【确定】按钮后进入新元件的编辑区，此时，可以看到场景名称的旁边多了"元件 1"的名称，并且在舞台中心显示出"十"字形，表示该元件的中心点。在元件的编辑区中，用户可以进行绘制图形、输入文本或导入图像等操作，绘制椭圆如图 4-12 所示。

（3）单击"场景 1"图标，或者按 Ctrl+E 组合键返回到场景中。按 Ctrl+L 组合键打开【库】面板，即可看到刚才新建的元件，如图 4-13 所示。

2. 按钮元件

按钮元件有 4 种状态：弹起、指针经过、按下、单击。

按钮元件实际上是一个 4 帧的影片剪辑。在为元件选择按钮类型时，Flash 生成一个有 4 帧的时间轴。前 3 帧用来显示按钮的 3 种可能的状态，最后一帧定义按钮的感应区域。时间轴实际上不能播放，它只能根据指针的动作做出简单的响应并且转到所指示的帧。

使用按钮元件创建影片中的响应鼠标事件（如按下或上滚等）的交互按钮。它可以使不同的图形与不同的按钮状态联系，然后对按钮元件的实例分配一个动作。

要提高按钮的交互性，用户可以将按钮元件的一个实例放在舞台上，然后为实例指定动

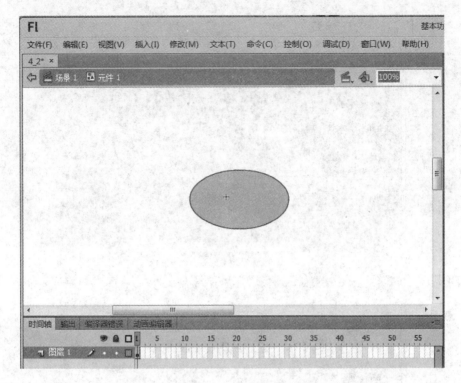

图 4-12　编辑图形元件

作。这些动作必须指定给在影片中的按钮实例，而不
是在按钮元件时间轴中的帧。

　　按钮元件的时间轴上的每一帧都有一个特定的功
能，含义如下：

　　第一帧代表鼠标指针不在按钮上时的按钮状态。

　　第二帧代表鼠标指针在按钮上方时的按钮状态。

　　第三帧代表鼠标指针在按钮上按下时的按钮状态。

　　第四帧定义了响应鼠标指针单击的区域。

　　创建按钮元件举例：

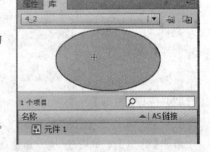

图 4-13　【库】面板

　　（1）选择【插入】|【新建元件】命令，或者按 Ctrl＋F8
组合键，弹出【创建新元件】对话框，如图 4-14 所示。选中【按钮】下拉项即表示将该元件设
置为按钮元件，输入元件名称"按钮 1"。

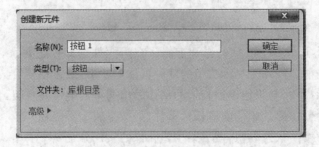

图 4-14　新建按钮元件

（2）在元件的编辑窗口,元件名称显示在舞台的左上角,【时间轴】面板的帧操作区包含了4个连续的帧,如图4-15所示。

图4-15　按钮元件的【时间轴】面板

（3）选择第1帧"弹起",在舞台中心绘制一个矩形,笔触颜色为♯000000,填充颜色为♯FFCC66,如图4-16所示。

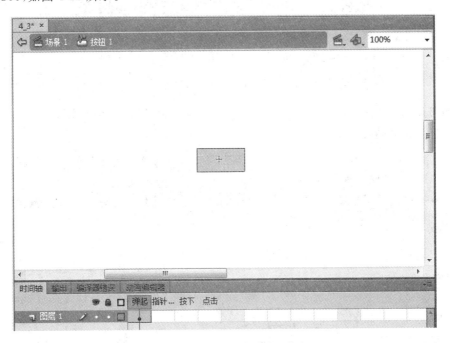

图4-16　在第1帧绘制矩形

（4）选择第2帧"指针经过",单击右键插入关键帧,修改舞台中心矩形的填充色为♯CCCCCC,如图4-17所示。

（5）选择第3帧"按下",单击右键插入关键帧,修改舞台中心矩形的填充色为♯CC33CC,如图4-18所示。

（6）选择第4帧"单击",对其进行类似的修改,颜色♯0066FF,效果如图4-19所示。

图4-17　在第2帧修改　　　图4-18　在第3帧再次修改　　　图4-19　第4帧状态
　　　矩形的填充色　　　　　　　　矩形的填充色

（7）按钮元件制作完毕,返回"场景1",从【库】面板拖到一个按钮元件实例到舞台上。

（8）保存文件,测试动画效果。

3. 影片剪辑元件

当在影片中需要重复使用某一个动画片断时,最好将其转换为影片剪辑元件。

下面以一个实例来介绍创建影片剪辑元件的方法,其具体操作步骤如下:

(1) 新建一个 Flash 文档,按 Ctrl＋F8 组合键弹出【创建新元件】对话框,如图 4-20 所示。选择类型为【影片剪辑】下拉选项,使用默认名称,然后单击【确定】按钮进入其编辑区。

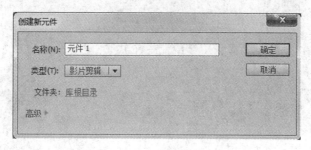

图 4-20　创建新影片剪辑元件

(2) 选择工具箱中的文本工具,设置好其属性后在舞台上输入字母"A",如图 4-21 所示,然后将其移动到舞台的左侧。

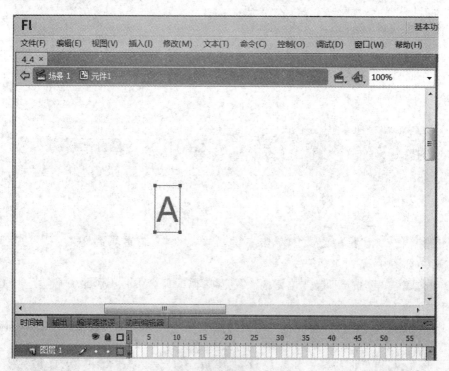

图 4-21　在第 1 帧处输入字母"A"

(3) 选中该字母后按 Ctrl＋B 组合键将其分离为图形。

(4) 在时间轴第 15 帧处单击,按 F6 键插入一个关键帧,在舞台上输入字母"B",将其移动到舞台的右侧并将字母"A"删除,如图 4-22 所示。选中字母"B",然后按 Ctrl＋B 组合键将其分离为图形。

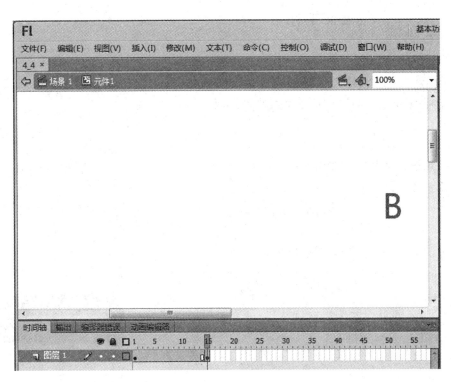

图 4-22　在第 15 帧处输入字母 "B"

（5）用鼠标选择第 1 帧至第 15 帧的任意一帧，单击鼠标右键，选择【创建补间形状】，这样就创建了一个共 15 帧的形状补间动画。这时在【时间轴】面板上的第 1 帧到第 15 帧之间会出现一个箭头形状，表示在这些帧之间存在补间动画，如图 4-23 所示。

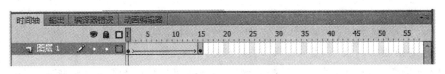

图 4-23　【时间轴】面板

（6）在第 30 帧插入普通帧。

（7）回到"场景 1"，从【库】面板拖到一个影片剪辑实例到舞台上。

（8）保存文件，测试动画效果，根据效果可以适当降低帧频。

4.1.3　创建传统补间动画

传统补间动画是一种常用的基本动画，在一个传统补间动画中至少要有两个关键帧，这两个关键帧中的对象是同一个对象，两个关键帧中对象的大小、位置、颜色、角度等有所变化，Flash 会自动根据两个关键帧的区别创建动画。

创建传统补间动画的方法如下：

- 在【时间轴】面板中选择同一图层的两个关键帧之间的任意一帧，单击鼠标右键，在快捷菜单中选择【创建传统补间】命令。

- 选择菜单栏中的【插入】|【传统补间】命令。

删除补间动画的方法如下：

- 在【时间轴】面板中选择已经创建传统补间动画的两个关键帧之间的任意一帧，单击鼠标右键，在快捷菜单中选择【删除补间】命令。
- 选择菜单栏中的【插入】|【删除补间】命令。

📖 拓展训练

任务场景：制作雪花飘落动画。

实现步骤：

（1）打开 Flash CS6，选择【文件】|【新建】命令，在弹出的【新建文档】对话框中选择 ActionScript 3.0 选项，新建一个 Flash 工程文件。在【属性】面板设置"大小"为"800 像素×330 像素"，背景颜色为黑色，"帧频"为"12"fps。

（2）执行【插入】|【新建元件】命令，给元件命名为"snow1"，并指定其类型为图形。

（3）选择绘图工具箱里的矩形工具，在工作区绘制一个长条状的矩形，将其填充颜色设为灰色，并删除周围的边线，如图 4-24 所示。

图 4-24　建立矩形

（4）选择矩形，单击鼠标右键，在弹出的菜单里选择【复制】命令，将其复制并粘贴。

（5）选择【窗口】|【变形】命令打开变形面板，将复制得到的矩形旋转 60 度。

（6）单击右下角的【重制选区和变形】 按钮，再复制一个矩形，这时它旋转了 120 度。此时 3 个矩形呈叠放状态。

（7）回到"场景 1"，执行【插入】|【新建元件】命令，给元件命名为"snowmove1"，指定其类型为影片剪辑。

（8）打开【库】面板，将 snow1 拖入元件 snowmove1 的编辑窗口中。

（9）选中第 30 帧，按 F6 键，在第 30 帧创建一个关键帧。

（10）选中第 1 帧，单击鼠标右键，在弹出的快捷菜单中选择【创建传统补间】命令。

（11）创建完成之后可以看到时间轴上呈现蓝色，并且出现箭头，说明传统补间动画已经创建成功。

（12）选中第 1 帧，将雪花实例拖动到与场景中的十字号相对齐，如图 4-25 所示。

（13）选中第 30 帧，将雪花实例拖动到舞台底部。

（14）从【库】面板拖动一个 snowmove1 实例到舞台上。

（15）依照上面的步骤，同样制作 snowmove2、snowmove3 两个元件，通过调整关键帧之间的距离，使雪花的下落速度产生不同。通过调整雪花在两个关键帧中的位置，使其中雪花飘落的轨迹各不相同。这样我们制作出来的雪景才更贴近真实情况。

图 4-25　雪花定位

（16）保存文件，测试动画效果。

4.2   实例引入——图片弹出动画

任务场景：

从外部导入一张图片，然后从【按钮】库中拖动一个按钮到舞台上，实现当按钮被按下时弹出图片的动画效果，效果如图 4-26 所示。

图 4-26   动画效果图

实现步骤如下：

（1）启动 Flash 应用程序，新建一个 Flash 文档，其参数设置如图 4-27 所示。

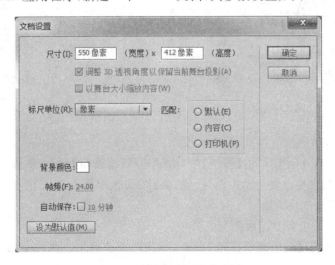

图 4-27   【文档设置】对话框

（2）选择【文件】|【导入】|【导入到库】命令，弹出【导入到库】对话框，如图 4-28 所示。

图 4-28　【导入到库】对话框

（3）在【导入到库】对话框中找到目标文件"风光.jpg"后，单击【打开】按钮，该文件就被导入到了【库】面板中，如图 4-29 所示。

（4）选择【窗口】|【公用库】|【按钮】命令，即可打开【按钮】库，选择一个按钮 bar blue barblue 并将其拖动到舞台上，这时【库】面板中有两个元件，如图 4-30 所示。

图 4-29　导入一张位图

图 4-30　导入按钮

（5）双击场景中的按钮，进入其编辑模式。

（6）单击该按钮 box 图层的【按下】帧，右键选择【清除帧】命令，然后将【库】面板中的图片拖动到编辑区的中央位置。选中图片，在【属性】面板中修改其尺寸为"550 像素×412 像素"，调整其位于舞台中央，如图 4-31 所示。

（7）按 Ctrl＋E 组合键返回到主场景中。

（8）选择【控制】|【启用简单按钮】命令，该按钮即被启用。这时单击工作区中的按钮，即可得到预期效果。

（9）保存文件。

图 4-31　在"按下"帧添加图片

✎ 知识点

4.2.1　公用库

Flash CS6 给用户提供了公用库。利用该功能,可以在一个动画中定义一个公用库,在以后制作其他动画的时候就可以链接该公用库,并使用其中的元件。

可以从"窗口"菜单里找到"公用库"。利用该功能,可以在一个动画中定义一个独立的库。根据公用库中资源的类型各有不同,Flash CS6 将公共库分为了两类。

- 按钮公用库:这个库中的组件都是按钮元件,它包含了很多不同种类的按钮元件,为用户使用按钮元件提供了很多素材。
- 类公用库:主要用来提供编译剪辑。

使用公用库中的元件,有以下两种方法:

➢ 在公用库选中要使用的元件,然后将该元件拖到当前动画的库中。

➢ 在公用库选中使用的元件,然后将该元件拖到当前动画的工作区中。

注意:在完成上述的操作之后,在当前动画图库中就会出现公用库中的元件,但这个元件文件只是作为一个外部文件而不会被视为当前动画的文件。

📖 拓展训练

任务场景:制作汽车运动动画,效果如图 4-32 所示。

(a)   (b)

图 4-32　汽车运动效果图

实现步骤如下：

（1）打开 Flash CS6，选择【文件】|【新建】命令，在弹出的【新建文档】对话框中选择 ActionScript 3.0 选项，新建一个 Flash 工程文件。在【属性】面板设置"大小"为"800 像素 × 330 像素"，"帧频"为"12"fps。

（2）将图层 1 重命名为"bk"。

（3）选择【文件】|【导入】|【导入到舞台】命令，导入背景图片"bk. png"。调整图片在舞台上的位置，可以选中图片，设置其【属性】面板中 X：0 和 Y：0，使其与舞台对齐，如图 4-33 所示。

图 4-33　导入背景图

（4）新建图层 2，将其重命名为"car"。选择【文件】|【导入】|【导入到库】命令，导入素材图片"car. png"。

（5）新建元件"bf"，类型"影片剪辑"。【库】面板如图 4-34 所示。进入元件"bf"的编辑状态，拖动 car 图形元件到舞台上，在第 3、5、7、9 帧插入关键帧。依次调整舞台上 car 的尺寸,选中第 1 帧的 car,在变形面板设置其"缩放宽度"40％,"旋转"3 度。选中第 3 帧的 car,设置其"缩放宽度"38％,"旋转"3 度。选中第 5 帧的 car,设置其"缩放宽度"35％,"旋转"3 度。选中第 7 帧的 car,设置其"缩放宽度"38％,"旋转"3 度。选中第 9 帧的 car,设置其"缩放宽度"40％,"旋转"3 度。时间轴状态如图 4-35 所示。

图 4-34 【库】面板

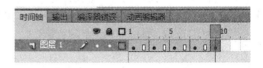

图 4-35 元件"bf"的时间轴

(6) 回到"场景 1",以图层"car"为工作图层,拖曳元件"bf"到舞台左方合适位置,在第 35 帧插入普通帧,单击鼠标右键,创建补间动画。

(7) 分别将时间滑块移动到第 1 帧、第 35 帧,用"选择工具"移动汽车在舞台上的位置。第 1 帧的汽车在路的远方,尺寸较小。第 35 帧的汽车在近处,尺寸略大。此时舞台上出现了一条运动路径。使用键盘的方向键,调整汽车的位置,使路径看起来尽量与道路平行。

(8) 保存文件,测试动画效果。

本 章 小 结

本章主要介绍了 Flash CS6 中使用元件、实例和库资源的方法,通过本章的学习,用户可以灵活地运用已有的资源来有效地提高工作效率。

习 题

一、填空题

1. 在 Flash 中用户可以创建 3 种类型的元件,分别为_____、_____和_____。

2. Flash CS6 中有两种类型的公用库,分别是_____和_____。

二、选择题

1. 创建新元件的快捷键是( )。

    A. Ctrl＋A   B. Ctrl＋F8   C. F8   D. Ctrl＋D

2. ( )元件是一个 4 帧的动画片断。

    A. 按钮   B. 图形   C. 影片剪辑   D. 以上皆是

3. 以下各种关于图形元件的叙述,正确的是( )。

    A. 图形元件可重复使用   B. 图形元件不可重复使用

    C. 可以在图形与案件中使用声音　　　　D. 可以在图形元件中使用交互式控件

4. 以下关于使用元件的优点的叙述,不正确的是(　　)。

    A. 使用元件可以使电影的编辑更加简单化

    B. 使用元件可以使发布文件的大小显著地缩减

    C. 使用元件可以使电影的播放速度加快

    D. 使用电影可以使动画更加的漂亮

5. 下列关于元件和元件库的叙述,不正确的是(　　)。

    A. Flash 中的元件有 3 种类型

    B. 元件从元件库拖到工作区就成了实例,实例可以复制、缩放等各种操作

    C. 对实例的操作,元件库中的元件会同步变更

    D. 对元件的修改,舞台上的实例会同步变更

6. 使用选取工具调整线条时,按下(　　)键可以产生一个尖突节点。

    A. Alt　　　　　　　　B. Ctrl　　　　　　　C. Shift　　　　　　　D. Esc

三、操作题

1. 打开 Flash CS6,创建图形元件,并利用图形工具绘制图形,创建后保存。

2. 打开 Flash CS6,创建按钮元件,并将按钮元件从库中拖到舞台,创建多个按钮实例并保存。

四、思考题

1. 如何创建按钮元件?

2. 如何创建影片剪辑元件?

3. 元件与实例的关系?

第 5 章　基 本 动 画

学习目标

- 了解补间动画基本概念。
- 了解补间形状动画基本概念。
- 运用 Flash 制作补间动画和补间形状动画。
- 掌握应用形状提示引导补间形状动画。

补间动画是一种基于对象的动画,对于创建对象的类型限于元件实例和文本字段。与前面的传统补间动画相比,补间动画功能更强大,动画制作过程更简便。而补间形状动画是一种变形动画,与补间动画相比,补间形状动画不可以使用元件实例,它针对的是绘制或转换的图形。

5.1　实例引入——下落的小球

任务场景:制作"下落的小球"动画,最终效果如图 5-1 所示。完成此动画可以分为三个阶段,第一阶段新建文件,创建小球元件;第二阶段创建补间动画;第三阶段调整动画效果。

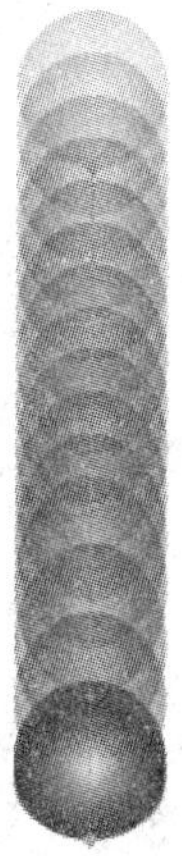

实现步骤如下:

(1) 打开 Flash CS6,选择【文件】|【新建】命令,在弹出的【新建文档】对话框中选择 ActionScript 3.0 选项,其他选项默认即可,单击【确定】按钮,新建一个 Flash 工程文件,如图 5-2 所示。

(2) 在工具面板中选择【椭圆】工具,在颜色面板中设置"笔触颜色"为空,"填充颜色"为"径向渐变",亮灰色效果,如图 5-3 所示。

(3) 按 Shift 键在舞台上绘制一个正圆,模拟小球,如图 5-4 所示。如必要,选择正圆,然后打开颜色面板,调整颜色滑块的颜色,使小球立体起来。

(4) 选择"小球",按 F8 键将其转换为元件,类型为"影片剪辑",命名为"ball",如图 5-5 所示。

图 5-1 "下落的小球"
动画效果

(5) 在【时间轴】面板中选择第 20 帧,按 F5 键插入帧。单击鼠标右键,在快捷菜单中选择【创建补间动画】命令。这时图层 1 前面的图标发生了变化,并且第 1 帧到第 20 帧之间出现了淡蓝色背景,如图 5-6 所示。

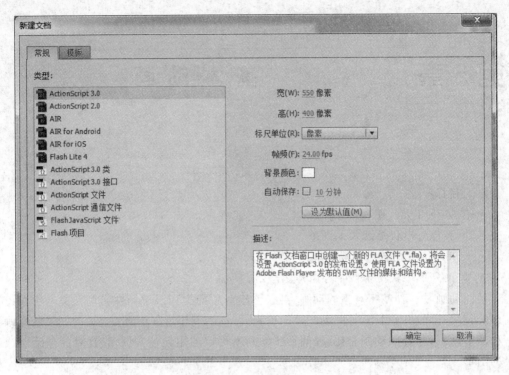

图 5-2　新建文档

图 5-3　颜色面板

图 5-4　绘制小球

图 5-5　转换元件

（6）将时间滑块移动到第 15 帧，按 Shift 键同时将舞台上元件"ball"的实例沿 Y 轴方向向下移动一段距离。此时，舞台上出现了一条运动路径，如图 5-7 所示。

图 5-6　创建补间动画　　　　　　　　　图 5-7　移动元件实例

（7）按 Ctrl＋Enter 快捷键测试动画效果，可以看到一个垂直下落的小球。

（8）为了使动画效果更加逼真，可以继续调整动画。选择【任意变形】工具，调整舞台上小球的中心点，将其移到球的下方，如图 5-8 所示。在【时间轴】面板中选择第 12 帧，用【任意变形】工具将小球拉伸，如图 5-9 所示。在【时间轴】面板中选择第 17 帧，用【任意变形】工具将小球压扁，如图 5-10 所示。

图 5-8　调整元件中心点　　　　图 5-9　拉伸小球　　　　图 5-10　压扁小球

（9）在【时间轴】面板选择第 20 帧，选择小球实例，打开【窗口】|【变形】面板，调整"缩放高度"回到 100％，如图 5-11 所示。此时时间轴状态如图 5-12 所示。第 1 帧是关键帧，第 12、15、17、20 帧是属性关键帧，小菱形表示。

（10）保存文件，测试动画效果。

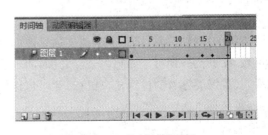

图 5-11　变形面板　　　　　　　　　图 5-12　【时间轴】面板

第 5 章

基本动画

✍ 知识点

5.1.1 【时间轴】面板

时间轴的英文名称是"Timeline"，是编辑 Flash 动画的主要工具，使用【时间轴】面板可以组织和控制动画的内容。【时间轴】面板主要由图层、帧和播放头组成。打开 Flash CS6，默认情况下，【时间轴】面板显示在软件主界面的底部，位于编辑区下方，包括时间轴标尺、播放头、帧、图层管理区、绘图纸工具等内容，如图 5-13 所示。

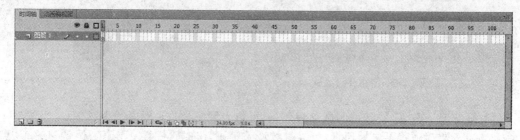

图 5-13　【时间轴】面板

【时间轴】面板右侧用于对帧进行编辑操作，包括三个部分：上部是时间轴标尺，红色表示播放头；中间是帧编辑区；下部是时间轴状态。【时间轴】面板右侧各部分的功能如表 5-1 所示。

表 5-1　【时间轴】面板右侧各部分的功能

名　　称	功　　能
播放头	指示当前在舞台中显示的帧，在播放 Flash 文档时，播放头从左至右滑过时间轴
时间轴标尺	指示帧的编号，用数字编号
帧居中	单击该按钮，可以把当前帧移动到时间轴窗口中间
绘图纸外观	可以查看当前帧与前后若干帧的内容
当前帧	表示当前帧所在的位置
帧频	表示每秒钟播放的帧数 fps
运行时间	表示从开始帧播放到当前帧所需要的时间

使用 Flash CS6 时，可以根据需要调整【时间轴】面板的位置，即其显示的位置可以改变。可以将【时间轴】面板移动到主窗口的两边，或将其单独显示，也可以将其隐藏起来。【时间轴】面板的大小也可以调整，改变【时间轴】面板中可见的图层数和帧数。当【时间轴】面板的图层无法全部显示时，可以拖动其右侧的滚动条来查看图层。

要想将【时间轴】面板作为一个独立的悬浮面板显示，可以拖动其上侧标题栏或旁边的灰色区域，使其离开即可。要想将悬浮的【时间轴】面板放到场景中的某个位置，还是拖动其标题栏，找到需要停放的位置松口鼠标，此时目标位置处会出现蓝色的边框线提示，此时【时间轴】面板呈现半透明效果，如图 5-14 所示。

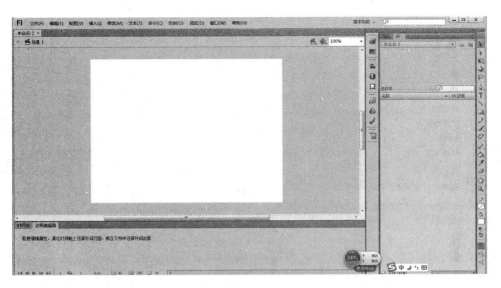

图 5-14　拖动【时间轴】面板到【库】面板

5.1.2　图层操作

图层控制区位于【时间轴】面板左侧,用于对图层进行编辑操作。由图层和图层编辑按钮组成,可以进行新建图层、删除图层、新建图层文件夹等操作。

图层是 Flash 动画中一个重要的基本概念。一个图层犹如一张透明的纸,图层上可以制作任何动画元素,动画文件中可以有多个图层,基于透视原理,多个图层叠放在一起就构成了一幅完整的画面。也就是说,如果一个图层上没有任何内容,就可以透过它看到下面图层的内容。同样,在某个图层上进行编辑设计也不会影响到其他图层上的对象。图层是相对独立的,修改其中的一层,将不会干扰到其他图层。制作动画过程中,一般会将不同类型的内容放在不同的图层里,这使得整个动画的设计过程更加方便,利于编辑和管理。

1. 图层的创建

新建一个 Flash 文件后,系统都会默认建立好一个图层,默认名为"图层 1",如图 5-13 所示。一般的动画通常需要多个图层来完成,创建图层有以下几种方法:

- 单击【新建图层】█ 按钮,创建一个新图层。
- 在任意图层上单击鼠标右键,在弹出的快捷菜单中选择【插入图层】命令,创建一个新的图层,如图 5-15 所示。图层是一层层向上叠的,默认情况下,新建图层位于旧图层上方。
- 选中任意图层,在菜单栏中选择【插入】|【时间轴】|【图层】命令,也可以创建一个新图层,如图 5-16 所示。

2. 图层的编辑

(1)选择工作图层

在对图层进行编辑之前,首先需要选定工作图层,具体方法有以下几种:

- 单击【时间轴】面板左侧图层名称,即可选定该图层。
- 单击图层中的任一帧,亦可选定该图层。

图 5-15　右键插入图层

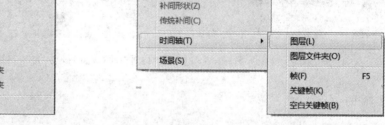

图 5-16　使用菜单命令插入图层

- 单击舞台上的对象,该对象所在的图层即被选定。

(2) 重命名图层

创建图层后,系统会给图层一个默认的名称,第一个图层名为"图层 1",第二个图层为
"图层 2",依次类推。为了便于识别,可以将图层重命名,重命名的图层最好有特定含义。
例如,用来作标题的图层可以命名为"标题"或"title"。重命名图层有以下方法:

- 在【时间轴】面板双击要重命名的图层名称,在出现的文本框中输入新的名称。
- 右键单击图层,在弹出的快捷菜单中选择【属性】命令,弹出【图层属性】对话框,在
【名称】文本框中输入新的图层名。
- 在菜单栏中选择【修改】|【时间轴】|【图层属性】命令,也可以在【图层属性】对话框中
修改图层名。

(3) 改变图层叠放次序

图层的叠放次序决定了动画中对象的叠放次序,新建的图层默认叠放旧图层之上,常常
需要调整它们之间的顺序。调整图层顺序的方法:

- 选中要更改顺序的图层,按下鼠标左键并拖曳鼠标,这时会出现一条黑色的线。释
放鼠标,则图层被移动到了该黑线位置。

(4) 创建图层文件夹

图层文件夹就像操作系统中的文件夹一样,可以分门别类地整理图层。当一个动画中
的图层太多时,就可以使用图层文件夹,将图层分类存放。创建好图层文件夹后,使用鼠标
拖动相关图层进入图层文件夹中即可。

创建图层文件夹的方法有如下几种:

- 单击【时间轴】上的【新建文件夹】按钮，可以创建一个新的图层文件夹。
- 在任意图层或者文件夹上单击鼠标右键，在弹出的快捷菜单中选择【插入文件夹】命令，如图5-17所示。
- 选择任意一个图层或文件夹，在菜单栏中选择【插入】|【时间轴】|【图层文件夹】命令，如图5-18所示。

图 5-17　右键插入图层文件夹

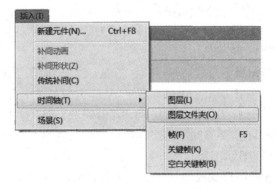

图 5-18　菜单插入图层文件夹

（5）锁定与解锁图层

一个图层的内容编辑好以后，为了避免在编辑其他图层时误操作，可以将图层锁定，锁定的图层将处于不可编辑状态。当需要再次编辑图层时，可以将其解锁。锁定和解锁图层的方法如下：

- 单击图层或图层文件夹名称右侧的第2个小黑点，可以将其锁定，此时小黑点变成一把锁的形式。如果选中锁定的图层，则左边出现一支铅笔被禁用的图标，此时图层处于不可编辑状态。单击锁形图标，又变回小黑点，图层被解锁，恢复到可编辑状态。
- 单击【时间轴】面板上方的【锁定或解除锁定所有图层】按钮，可以将当前场景中的所有图层和图层文件夹锁定。再次单击则可以对锁定的所有图层或图层文件夹解除锁定。
- 按住 Alt 键同时单击图层或文件夹名称右侧的锁定栏，可以锁定所有的图层或图层文件夹。再次按住 Alt 键的同时单击锁定栏，则可以对所有的图层或图层文件夹进行解锁。

基本动画

（6）显示与隐藏图层

为了方便操作，动画制作过程中随时可以隐藏与显示图层。可以暂时将不相关的图层隐藏起来，只剩下当前需要编辑的图层在舞台上。被隐藏的图层并没有被删除，只是暂时不可见。

显示与隐藏图层的方法如下：

* 单击图层名称右侧的第 1 个小黑点，黑点即变为一个红色叉图标，此时图层被隐藏；单击红色叉图标可以取消隐藏。

（7）复制图层

动画制作过程中，经常需要复制图层来减少重复操作。复制图层的方法如下：

* 单击要复制的图层，选取整个图层。选择【编辑】|【时间轴】|【复制帧】命令。单击要粘贴的新图层，选择【编辑】|【时间轴】|【粘贴帧】命令，就将某一图层中的所有帧粘贴到另一图层上。
* 选择要复制的图层，在时间轴上单击鼠标右键，在弹出的快捷菜单中选择【复制帧】命令。选择要粘贴的新图层，在时间轴上单击鼠标右键，在弹出的快捷菜单中选择【粘贴帧】命令。即将图层上的某一帧粘贴到另一图层上。

（8）删除图层

当图层不再需要时，可以将其删除。删除图层的方法如下：

* 在图层上单击鼠标右键，从弹出的菜单中选择【删除图层】命令。
* 选择要删除的图层，单击【时间轴】面板上右下角的【删除图层】按钮。
* 单击要删除的图层，将其拖动到【删除图层】按钮上。

（9）显示图层轮廓

显示图层轮廓即只显示图层内容的轮廓，使得图层之间不会被相互覆盖，方便编辑。单击时间轴左侧的【将所有图层显示为轮廓】按钮即可，再次单击该按钮可取消轮廓显示。效果如图 5-19 所示。

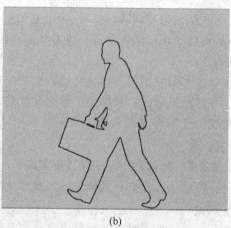

(a)   (b)

图 5-19 "显示图层轮廓"前后效果比较

（10）图层属性

查看图层属性有如下方法：

- 在要查看属性的图层上单击鼠标右键,在弹出的快捷菜单中选择【属性】命令。
- 双击要查看属性的图层图标,也可以打开【图层属性】面板。

【图层属性】面板如图 5-20 所示。

可以在图层面板输入或修改图层名称,设置该图层显示或隐藏、锁定或解锁,设置图层的类型、轮廓颜色及图层高度。

关于图层类型,各项说明如下:

- 一般图层:是图层默认的类型属性,在一般图层上可以绘制图片或创建实例。
- 遮罩层:可以对下一图层的内容进行遮挡,用于遮罩动画。
- 被遮罩层:是与遮罩层相关联的一种图层。用户可以将多个被遮罩层和一个遮罩层相关联。
- 文件夹:设置该层是否是文件夹。
- 引导层:可以在引导层绘制一些轨迹,这些轨迹用于确定不规则运动的路线。

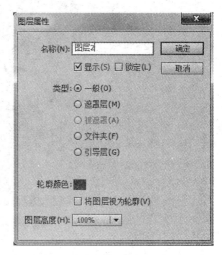

图 5-20　图层面板

5.1.3　补间动画

补间动画是一种常用的基本动画,是基于对象的动画,整个补间范围只有一个对象,动画使用的是属性关键帧,不是关键帧。

创建补间动画的方法如下:

- 单击鼠标右键,在快捷菜单中选择【创建补间动画】命令。
- 选择菜单栏中的【插入】|【补间动画】命令。

删除补间动画的方法如下:

- 在【时间轴】面板中选择已经创建补间动画的帧,或者在舞台中选择已经创建补间动画的对象,单击鼠标右键,在快捷菜单中选择【删除补间】命令。
- 选择菜单栏中的【插入】|【删除补间】命令。

📖 拓展训练

1. **任务场景**:制作蝴蝶飞过花丛动画,最终效果如图 5-21 所示。

实现步骤如下:

(1) 打开 Flash CS6,选择【文件】|【新建】命令,在弹出的【新建文档】对话框中选择 ActionScript 3.0 选项,新建一个 Flash 工程文件。在【属性】面板设置"大小"为"800 像素×330 像素","帧频"为"12"fps。

(2) 将图层 1 重命名为"bg"。

(3) 选择【文件】|【导入】|【导入到舞台】命令,导入背景图片 bg.jpg。调整图片在舞台上的位置,可以选中图片,设置其【属性】面板中的 X:0 和 Y:0,使其与舞台对齐,如图 5-22 所示。

图 5-21 "蝴蝶飞过"动画效果图

图 5-22 导入背景图

（4）锁定图层 1，新建图层 2，将其重命名为"butterfly"。选择【文件】|【导入】|【导入到库】命令，导入素材图片 butterfly.png。

（5）新建元件"bf"，类型"影片剪辑"。【库】面板如图 5-23 所示。进入元件"bf"的编辑状态，拖动 butterfly 图形元件到舞台上，在第 3、5、7、9 帧插入关键帧。依次调整舞台上 butterfly 的尺寸，选中第 1 帧的 butterfly，在变形面板设置其"缩放宽度"100％，"旋转"30°。选中第 3 帧的 butterfly，设置其"缩放宽度"70％，"旋转"30°。选中第 5 帧的 butterfly，设置其"缩放宽度"30％，"旋转"30°。选中第 7 帧的 butterfly，设置其"缩放宽度"50％，"旋转"30°。选中第 9 帧的 butterfly，设置其"缩放宽度"100％，"旋转"30°。时间轴状态如图 5-24 所示。

（6）回到"场景 1"，以图层 butterfly 为工作图层，拖曳元件 bf 到舞台左方合适位置，在第 35 帧插入普通帧，单击鼠标右键，创建补间动画。

（7）分别将时间滑块移动到第 10 帧、第 20 帧、第 30 帧，用【选择工具】移动蝴蝶在舞台上的位置。此时舞台上出现了一条运动路径。隐藏 bg 图层，使用【选择工具】调整路径的平滑度，如图 5-25 所示。

图 5-23 导入库

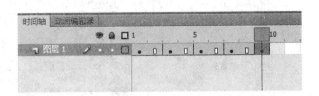

图 5-24 元件 bf 时间轴

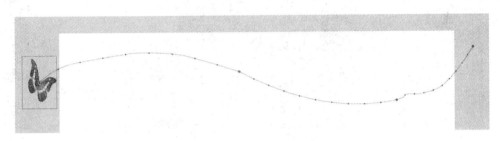

图 5-25 调整飞行轨迹

（8）显示并解锁 bg 图层，按 F5 键在第 35 帧插入普通帧。

（9）保存文件，测试动画效果。

2. **任务场景**：制作"动态字幕"动画，最终效果如图 5-26 所示。完成此动画可以分为三个阶段，第一阶段新建文件，创建单个元件动画；第二阶段创建多个元件动画；第三阶段调整动画效果。

图 5-26 "动态字幕"效果

实现步骤如下：

（1）启动 Flash CS6，选择【模板】选项卡，新建"广告"文件，选择【728×90 告示牌】选项，如图 5-27 所示。

（2）选择【文档】|【修改】命令，修改"帧频"为 12。

（3）选择【文件】|【导入】|【导入到舞台】命令，选择图片"背景.jpg"。

（4）将图层 1 重命名为"背景"并将其锁定。

（5）新建图层 2，将其重命名为"大"。在工具箱中选择【文本工具】，在舞台上输入一个"大"字。字体类型"华文行楷"，字体大小"36 点"，颜色"白色"。

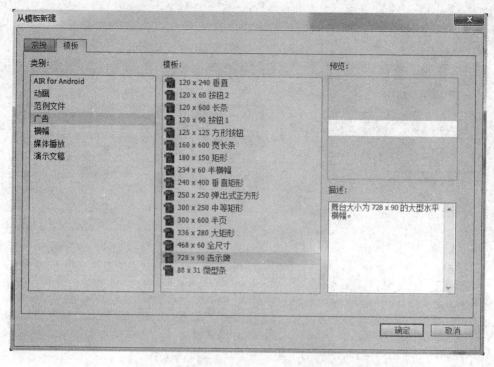

图 5-27　从模板创建文件

　　(6) 按 F8 键将其转换为元件,如图 5-28 所示。元件名称"大",类型"影片剪辑",单击
【确定】按钮。

图 5-28　转换为影片剪辑元件

　　(7) 再按 F8 键将其转换为元件,如图 5-29 所示。元件名称"大_1",类型"图形",单击
【确定】按钮。

图 5-29　转换为图形元件

(8) 双击元件"大_1"进入元件编辑模式,在【时间轴】面板的第15帧添加普通帧,然后单击鼠标右键选择【创建补间动画】命令。

(9) 再次选择【时间轴】面板的第15帧,单击鼠标右键选择【插入关键帧/缩放】命令,如图5-30所示。此时第15帧成为关键帧。用同样的方法,分别在第4帧、第8帧插入关键帧。

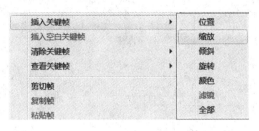

图5-30　插入关键帧

(10) 打开【时间轴】面板右侧的【动画编辑器】,在【曲线图】选项卡下面已经生成了动画线条,线条上的每个黑色的小方点代表一个关键帧。

(11) 将时间滑块移动到第1帧,将"缩放X"和"缩放Y"设置为400%。单击【色彩效果】后面的＋号,添加Alpha属性,设置其值为0%,如图5-31所示。

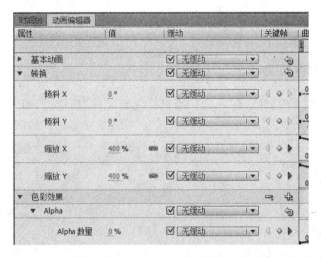

图5-31　调整第1帧

(12) 用同样的方法,将时间滑块移动到第4帧,将"缩放X"和"缩放Y"设置为10%。单击【色彩效果】后面的＋号,添加Alpha属性,设置其值为0%,如图5-32所示。

(13) 单击舞台左上角的Scene1,回到场景1编辑模式。在【时间轴】面板选中"背景"图层,在第40帧添加帧,测试动画效果。

(14) Flash默认的动画效果是循环播放。在舞台上选中元件"大_1",在【属性】面板的"循环"选项设置为"播放一次",如图5-33所示。

(15) 至此,一个"大"字动画制作完成,接下来需要继续完成多个文字的动画效果。为了简化工作,选择"大"图层的第1帧,单击鼠标右键选择【复制帧】命令。新建图层"爱",单击鼠标右键选择【粘贴帧】命令。

(16) 选择舞台上的"大_1"元件,在【属性】面板单击【交换】按钮,如图5-34所示。

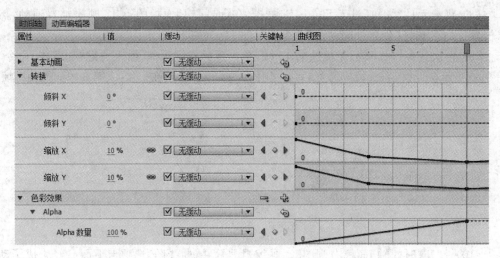

图 5-32　调整第 8 帧

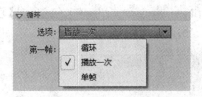

图 5-33　设置"播放一次"

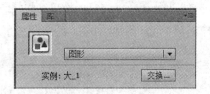

图 5-34　交换元件

　　在弹出的【交换元件】对话框中,单击【直接复制元件】按钮,如图 5-35 所示。在弹出的【直接复制元件】对话框中输入元件名称"爱_1",单击【确定】按钮,如图 5-36 所示。

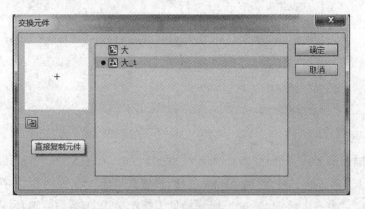

图 5-35　直接复制元件

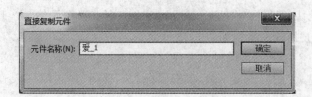

图 5-36　输入复制元件名称

（17）双击舞台上的"爱_1"元件，进入元件编辑模式。选择舞台上的"大"元件，再次应用【属性】面板的【交换】按钮。在弹出的【交换元件】对话框中，继续单击【直接复制元件】按钮。在弹出的【直接复制元件】对话框中输入元件名称"爱"，单击【确定】按钮。此时【交换元件】对话框中又增加了元件"爱"，如图5-37所示。单击【确定】按钮退出对话框。

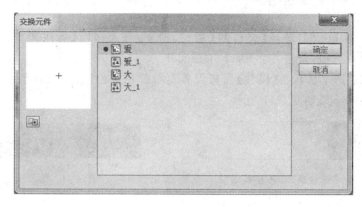

图 5-37 【交换元件】对话框

（18）在舞台上选择元件"爱"，进入元件编辑模式，修改文本为"爱"。单击舞台左上角的 Scene1，回到场景 1。

（19）重复第（14）步至第（17）步操作，分别新建图层"无"和"疆"，并制作"无_1"、"无"元件和"疆_1"、"疆"元件。

（20）预览动画，效果如图5-38所示，此时四个字同时出现。下一步需要调整动画效果，令四个字逐一出现。

图 5-38 动画初步效果

（21）在【时间轴】面板上选择图层"爱"，选中第1帧，按住鼠标左键将其移动到第5帧。选中图层"无"的第1帧，按住鼠标左键将其移动到第10帧。选中图层"疆"的第1帧，按住鼠标左键将其移动到第15帧。

（22）选中所有图层的第45帧，按F5键添加帧，如图5-39所示。

（23）预览并保存动画。

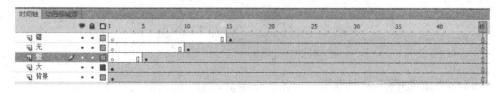

图 5-39 【时间轴】状态

5.2 实例引入——进度条

任务场景：制作进度条，最终效果如图 5-40 所示。

实现步骤如下：

(1) 打开 Flash CS6，选择【文件】|【新建】命令，在弹出的【新建文档】对话框中选择 ActionScript 3.0 选项，新建一个 Flash 工程文件。

(2) 选择【矩形工具】，在【属性】面板设置笔触颜色黑色，填充颜色蓝色♯0066FF。在舞台上绘制一个矩形，如图 5-41 所示。

图 5-40 "进度条"动画效果   图 5-41 绘制矩形

(4) 选中蓝色色带复制，新建"图层 2"并粘贴，调整色带与图层 1 的矩形框对齐，即回到初始位置。

(5) 在【时间轴】面板中选择图层 2 的第 20 帧，插入关键帧。选择图层 1 的第 20 帧，插入普通帧。锁定图层 1。

(6) 以图层 2 为工作图层，将时间滑块移动到第 1 帧，用【任意变形工具】将舞台上矩形中蓝色色带调到最小，如图 5-42 所示。也可以修改【属性】面板，设置色带宽度为 1，如图 5-43 所示。

图 5-42 调整色带   图 5-43 修改【属性】面板

(7) 单击鼠标右键，在弹出的快捷菜单中选择【创建补间形状动画】命令，此时第 1 帧到第 20 帧之间显示为淡绿色背景，并且出现一条带箭头的直线从起始帧指向结束帧，如图 5-44 所示。

图 5-44 创建补间形状动画

(8) 保存文件，测试动画效果。

✍ **知识点**

5.2.1 三种帧

构成 Flash 动画的基础就是帧,是动画制作的一个最基础的概念。根据人类视觉的暂留特性,快速播放一组连续的画面,就可以使人产生画面内容动起来的感觉。在 Flash 动画中,将每一幅画面单独存放在一个帧里,通过编辑帧和修改帧的内容,来完成动画的制作。

在【时间轴】面板右侧的帧编辑区可以设置帧的类型。根据帧的不同功能,帧分为空白关键帧、关键帧和普通帧。在【时间轴】上,每一个帧用一个小方格代表,也可以说一个小方格就是一帧。

1. 关键帧

关键帧是动画播放过程中,表现关键性动作或关键性内容变化的帧。通常情况下,关键帧定义了动画的变化环节,关键帧是可以进行编辑的帧。关键帧以黑色的小圆点表示,如图 5-45 所示图层 2 的第 1 帧。

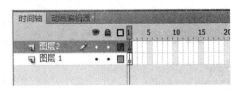

图 5-45 关键帧

2. 空白关键帧

在一个关键帧里,没有任何内容,这种关键帧称为空白关键帧。反过来说,如果一个关键帧中的内容被删除,那么它就会转换为空白关键帧。空白关键帧可以用于结束前一个关键帧的内容,或用于分隔两个相连的补间动画。空白关键帧以空心的小圆点来表示,如图 5-45 所示图层 1 的第 1 帧。

3. 普通帧

普通帧是延续上一个关键帧或者空白关键帧的内容,并且普通帧所对应的舞台对象不可编辑。如图 5-46 所示的第 2~14 帧。

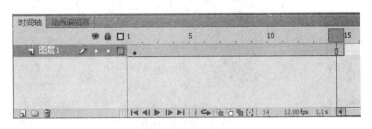

图 5-46 普通帧

5.2.2 在时间轴面板设置帧

1. 选择帧

在动画制作过程中,如果需要编辑某一帧的对象,需要先选中相应的帧。

选择帧的方法如下:

- 要选择单帧,可直接在【时间轴】面板上单击该帧即可。此时会选中该帧对应舞台上的所有对象。被选中的对象四周显示蓝色边框线,如图 5-47 所示。

第5章

基本动画

图 5-47 选中单帧

- 要选择多个帧，可以直接在【时间轴】面板上拖动鼠标进行选择，也可以按住 Shift 键或 Ctrl 键再单击来选择多个帧，如图 5-48 所示。

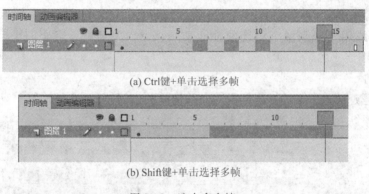

(a) Ctrl键+单击选择多帧

(b) Shift键+单击选择多帧

图 5-48 选中多个帧

2. 添加与删除帧

帧的创建与删除，主要通过【时间轴】面板来完成。通过【时间轴】面板上的小方格来区分帧，帧上方的数字是帧的编号。

添加关键帧有如下方法：

- 选中需要插入帧的位置，按 F6 键，可以插入关键帧。
- 在需要插入帧的位置，单击鼠标右键，选择【插入关键帧】命令。
- 选中需要插入帧的位置，选择【插入】|【时间轴】|【关键帧】命令。

添加空白关键帧有如下方法：

- 选中需要插入帧的位置，按 F7 键，可以插入空白关键帧。
- 在需要插入帧的位置，单击鼠标右键，选择【插入空白关键帧】命令。
- 选中需要插入帧的位置，选择【插入】|【时间轴】|【空白关键帧】命令。

添加普通帧有如下方法：

- 选中需要插入帧的位置，按 F5 键，可以插入普通帧。
- 在需要插入帧的位置，单击鼠标右键，选择【插入帧】命令。
- 选中需要插入帧的位置，选择【插入】|【时间轴】|【帧】命令。

删除帧有如下方法：

- 选择需要删除的帧，单击鼠标右键，在弹出的快捷菜单中选择【删除帧】命令。
- 选择需要删除的普通帧，按 Shift＋F5 组合键即可删除。
- 选择需要删除的关键帧，按 Shift＋F6 组合键即可删除。

3. 移动帧

选择需要移动某一帧或帧序列，将鼠标悬浮，当鼠标下方出现虚线方框时，将其拖动到【时间轴】面板的新位置即可。

4. 复制和粘贴帧

右键单击需要复制的帧或帧序列，在弹出的快捷菜单中选择【复制帧】命令。然后在需要粘贴帧的位置单击鼠标右键，在弹出的快捷菜单中选择【粘贴帧】命令即可。

5. 翻转帧

翻转帧即逆转排列一段连续的帧序列，效果是倒叙播放动画。方法是：选择需要翻转的帧序列，单击右键弹出快捷菜单，选择【翻转帧】命令。

6. 清除帧

清除帧并不是把帧删除，方法是选择要清除的帧，单击鼠标右键选择【清除帧】命令，则删除该帧的所有内容，同时该帧变为空白关键帧。

7. 添加帧标签

在动画制作过程中，若需要注释帧的含义、为帧做标记或使 ActionScript 脚本能够调用特定的帧，就需要为帧添加帧标签。方法如下：

- 在【时间轴】面板选中要添加标签的帧，然后在【属性】面板的名称文本框中输入帧的标签名称例如"play"，如图 5-49 所示。

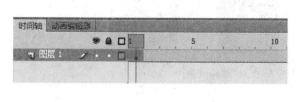

(a) 选择帧　　　　　　　　　　　　　(b) 添加帧标签

图 5-49　帧标签

8. 帧频

帧频是指动画播放的速度，以每秒播放的帧数（fps）为度量单位。帧频太慢，会使动画看起来断断续续；而动画太快，会使动画的细节变得模糊。在 WWW 上，通常设置帧频为12fps 效果比较合适。可以通过【修改】|【文档】命令，打开【文档设置】对话框，设置帧频，如图 5-50 所示。

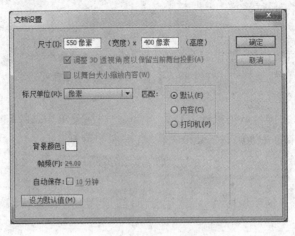

图 5-50　文档设置

5.2.3　补间形状动画

补间形状动画可以是形状、位置和颜色的变化,主要是形状的变化。补间形状动画不可以使用元件的实例,只能是绘制或转换的图形。

当创建补间形状动画后,形状会以一定的方式进行变形,但是具体怎么变化,用户是不能精确预测的。如果是比较复杂的图形,在变形过程中可能会出现一些错误。为了解决这个问题,可以使用变形提示。变形提示的作用是用户可以让原来图形上的某一点变换到变形后图形上的指定点。这样对象之间的变形过渡就不再是随机发生的,而是受到控制的。

📖 **拓展训练**

任务场景:以"圆形变成方形"动画为例来说明如何使用形状提示,最终效果如图 5-51 所示。

图 5-51　"圆变方"动画效果图

实现步骤如下:

(1) 新建 Flash 文档,选择【椭圆工具】命令,笔触颜色为空,填充色任意,在图层 1 的第 1 帧绘制一个圆形。

(2) 在第 20 帧插入关键帧,在该帧中绘制一个方形。

(3) 选择第 1 帧,通过菜单【修改】|【形状】|【添加形状提示】命令,在舞台上添加红色形状标记 a,将形状标记移动到圆形左上角。

(4) 重复上述操作,依次添加红色形状标记 b、c、d,并放置在圆形的合适位置,如图 5-52 所示。

(5) 将时间滑块移动到第 20 帧,在舞台上也有 a、b、c、d 等标记点。拖动这些标记到合适的位置。此时标记颜色变为绿色，如图 5-53 所示。

图 5-52　在第 1 帧添加形状提示　　　　图 5-53　调整第 20 帧形状提示

（6）单击鼠标右键，创建形状补间动画，如图 5-54 所示。

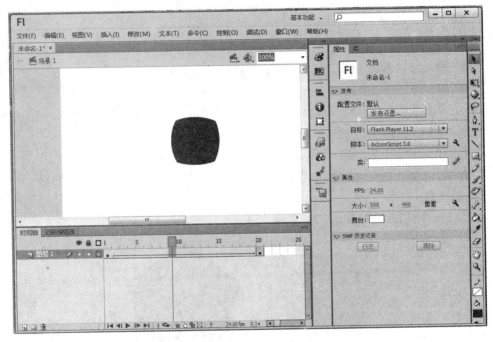

图 5-54　创建补间形状动画

（7）保存文件，测试动画，添加了形状提示点的形状补间动画按照提示点来对应变化。

本 章 小 结

本章主要介绍了两种基本动画：补间动画和补间形状动画。同时还提供多个有价值的实例，详细阐述了上述两种动画的原理和制作流程。

习　　题

一、选择题

1. 补间形状动画中关键帧上的对象只能是（　　　）。

　　A. 文字对象　　　　　B. 元件　　　　　　C. 图形　　　　　　D. 组合对象

2. 以下哪个不属于 Flash 的帧类型（　　）。

    A. 普通帧　　　　　　　B. 空白帧　　　　　　C. 关键帧　　　　　　　D. 空白关键帧

3. 时间轴上用小黑点表示的帧是（　　）。

    A. 空白帧　　　　　　　B. 关键帧　　　　　　C. 空白关键帧　　　　D. 过渡帧

4. Flash 动画的组成结构是（　　）。

    A. 帧—图层—场景—动画　　　　　　　　　B. 帧—场景—图层—动画

    C. 场景—帧—图层—动画　　　　　　　　　D. 场景—图层—帧—动画

5. "形状提示"可以连续添加，最多能添加（　　）个。

    A. 24　　　　　　　　　B. 25　　　　　　　　C. 26　　　　　　　　　D. 27

6. 对于在网络上播放的动画，最合适的帧频率是（　　）。

    A. 24fps　　　　　　　B. 12fps　　　　　　C. 25fps　　　　　　　D. 16fps

7. 以下关于逐帧动画和补间动画的说法正确的是（　　）。

    A. 两种动画模式 Flash 都必须记录完整的各帧信息

    B. 前者必须记录各帧的完整记录，而后者不用

    C. 前者不必记录各帧的完整记录，而后者必须记录完整的各帧记录

    D. 以上说法均不对

8. 在制作动画时，背景层一般位于时间轴的（　　）。

    A. 最顶层　　　　　　　B. 最底层　　　　　　C. 中间层　　　　　　　D. 任意层

二、操作题

1. 制作一个变色动画，如图 5-55 所示。

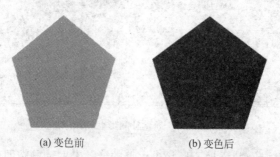

(a) 变色前　　　　　　　　　　(b) 变色后

图 5-55　变色动画

2. 制作风车旋转动画。

提示：创建补间动画后，修改【属性】面板的旋转参数为 1。

三、思考题

1. 什么是补间动画，如何制作补间动画？

2. 什么是补间形状动画，如何制作补间形状动画？

3. 补间动画与补间形状动画有哪些主要区别？

第6章　高 级 动 画

学习目标

- 了解高级动画基本概念。
- 熟悉引导动画、遮罩动画和骨骼动画的制作原理。
- 掌握引导动画、遮罩动画和骨骼动画的设计方法。

　　本章通过实例引入的方法讲解了如何使用引导层动画、遮罩动画和骨骼动画。通过对此章内容的学习,读者可以掌握图层与高级动画制作方面的知识,能够运用 Flash 制作引导层动画、遮罩动画和骨骼动画,为深入学习 Flash CS6 知识奠定基础。

6.1　实例引入——飘舞的雪花

　　任务场景:制作"飘舞的雪花"动画,最终效果如图 6-1 所示。完成此动画可以分为三个阶段,第一阶段新建文件,创建雪花元件;第二阶段创建引导动画;第三阶段运用脚本特效。

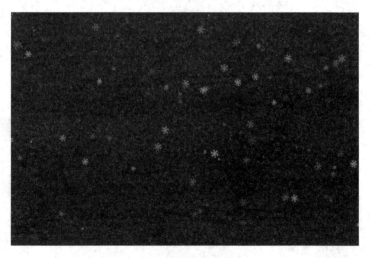

图 6-1　"飘舞的雪花"动画效果

　　实现步骤如下:

　　(1) 打开 Flash CS6,选择【文件】|【新建】命令,在弹出的【新建文档】对话框中选择 ActionScript 3.0 选项,帧频为 12fps,背景色为蓝黑色,其他选项默认即可,单击【确定】按钮,新建一个 Flash 工程文件,如图 6-2 所示。执行【文件】|【另存为】命令,命名为"飘舞的雪花",选择目标文件夹,单击【保存】按钮,如图 6-3 所示。

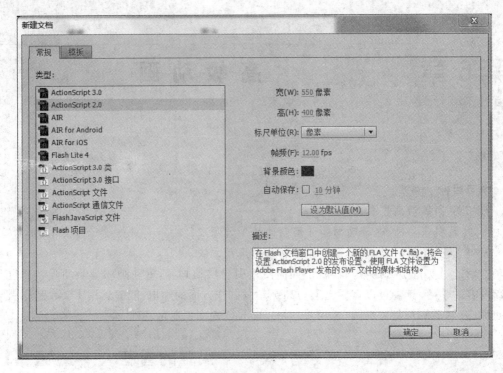

图 6-2　新建文档

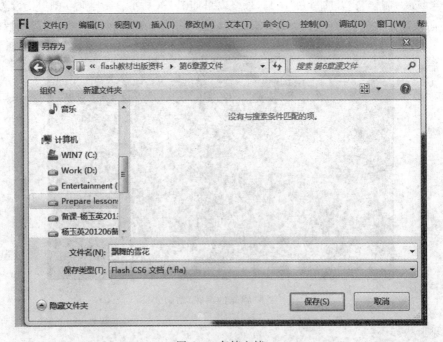

图 6-3　存储文档

（2）在菜单栏中，选择【文件】|【导入】|【打开外部库】命令，在弹出的对话框中，单击打开"第2章 绘制与编辑图形实例3和4源文件.fla"文件，在窗口中便可以自动弹出该影片的【库】面板，选择需要使用的元件"雪花"，直接拖曳到舞台，如图6-4所示。

（3）将"雪花"元件放到舞台偏左上角位置，按 F8 快捷键（或者是单击鼠标右键，选择【转换为元件】命令），将其转换为影片剪辑元件"雪花动"，如图 6-5 所示。

图 6-4　拖曳元件到舞台

图 6-5　转换为影片剪辑元件

（4）点选图层 1，单击鼠标右键选择【添加传统运动引导层】命令，如图 6-6 所示。出现引导层，如图 6-7 所示。

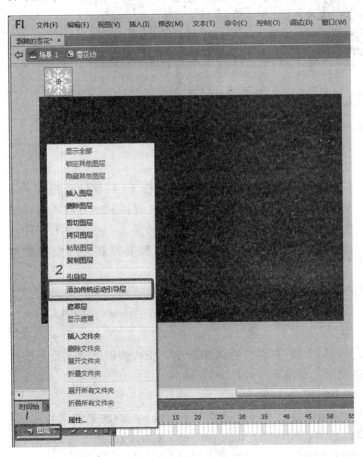
图 6-6　添加传统运动引导层步骤图

图 6-7　引导层

高级动画

（5）点选引导层的第 1 帧，用铅笔工具，选择平滑模式，从"雪花"元件的中心位置开始往下绘制一条平滑的曲线，如图 6-8 所示。

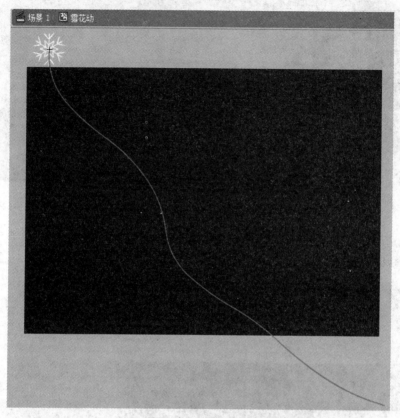

图 6-8　绘制曲线图

（6）在引导层第 60 帧单击右键选择【插入帧】命令（或者直接按 F5 快捷键），相当于延长时间到第 60 帧。在图层 1 的第 60 帧单击鼠标右键选择【插入关键帧】命令（或者直接按 F6 快捷键），再将【雪花】元件拖曳到曲线的另一端，然后在图层 1 的第 1～60 帧之间的任意位置单击鼠标右键选择【创建传统补间】命令，如图 6-9 所示。设置补间属性面板参数如图 6-10 所示。

（7）按 Ctrl＋Enter 快捷键测试动画效果，可以看到一朵沿着曲线向下飘舞的雪花。如果发现雪花不是沿曲线下落，说明"雪花"元件的中心点没有对准曲线的两端，快捷键 Ctrl＋＝为放大视图调整即可。

（8）回到主场景，点选图层 1 的第 1 帧，可以为帧添加脚本。按快捷键 F9（或者是选择【窗口】|【动作】命令），如图 6-11 所示。弹出窗口如图 6-12 所示。

（9）复制脚本到动作框中，效果如图 6-13 所示。

（10）观察脚本框中有双引号所引的绿色字母及符号 xuehuadong，指的是实例名称（该实例名称一定不能是中文，但可以是拼音）。复制 xuehuadong 在【属性】面板中为"雪花动"影片剪辑元件添加实例名称，如图 6-14 所示。此时主场景的【时间轴】面板如图 6-15 所示。

（11）按 Ctrl＋S 快捷键保存文件，按 Ctrl＋Enter 快捷键测试动画效果，可以看到众多的雪花向下飘舞的场景。

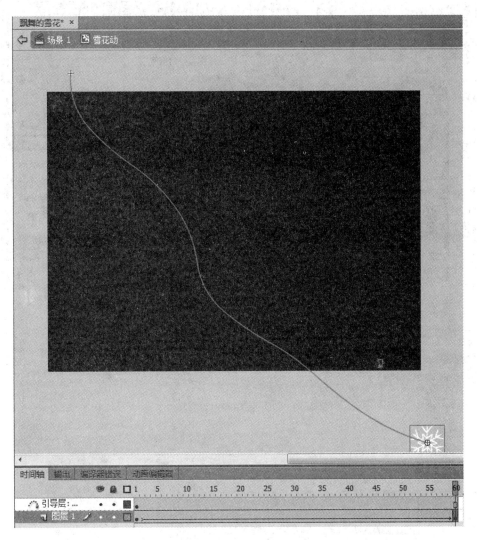

图 6-9　引导层界面

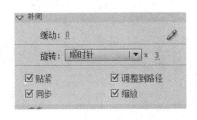

图 6-10　补间属性面板参数设置

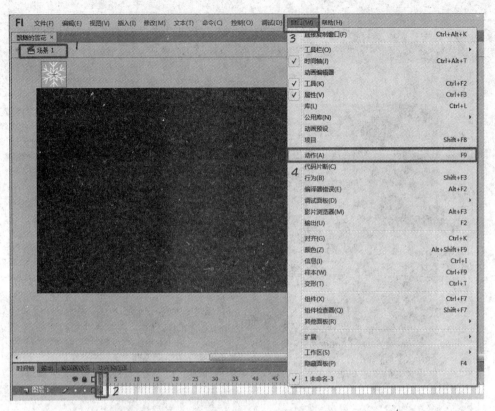

图 6-11　添加脚本步骤图

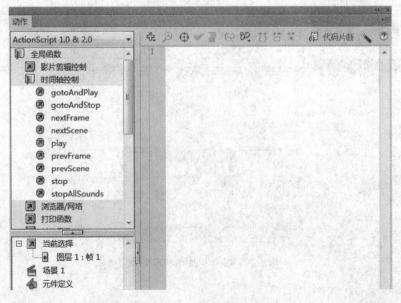

图 6-12　脚本对话框

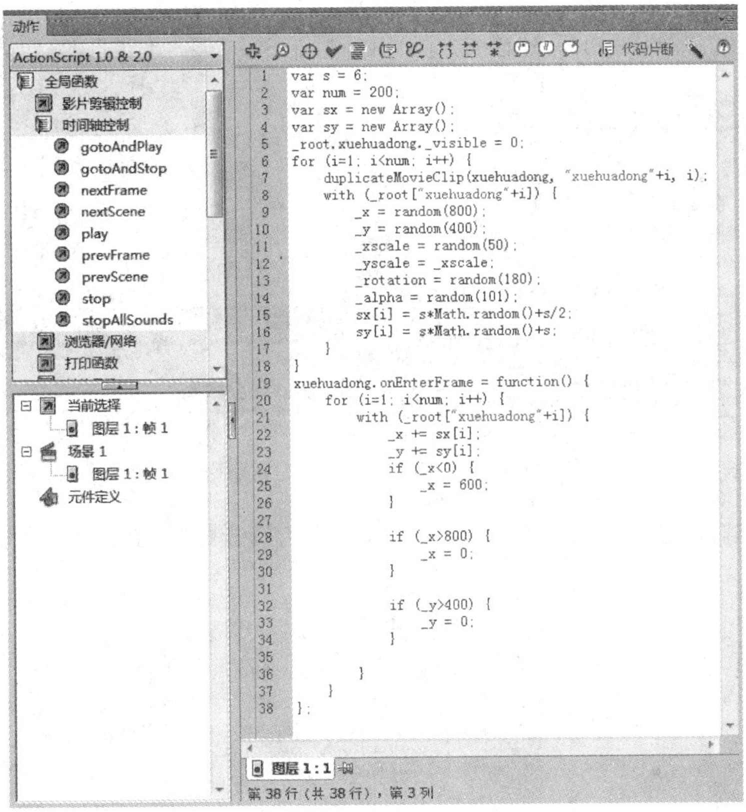

图 6-13　添加脚本到对话框

图 6-14　为影片剪辑元件添加实例名称

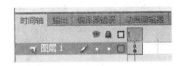

图 6-15　时间轴帧显示状态

📝 知识点

6.1.1　引导动画

- 引导动画：动画补间，注意最后的关键帧位置要在运动路径上。
- 引导层：如果动画补间要沿曲线运动就需要添加。在引导层上可使用【钢笔工具】、【铅笔工具】、【直线工具】、【圆形工具】、【矩形工具】、【刷子工具】绘制路径，且引导路径在最终的动画中是不可见的。填充对象对引导层没有任何影响。
- 被引导层：层上可以是补间实例、组或者是文本块，可以多层链接到一个引导层。
- 创建引导层的方法：右键单击包含动画的图层，选择【添加传统运动引导层】命令，如图 6-16 所示。

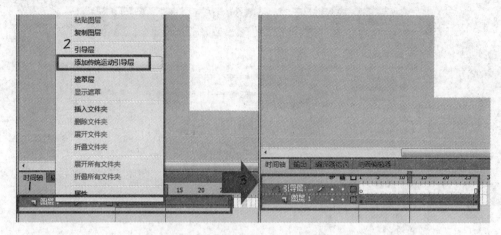

图 6-16　创建运动引导层步骤图

- 断开链接：在引导层下面选择一个图层，右击选择【属性】命令，打开【图层属性】对话框，选择"一般"，如图 6-17 所示。

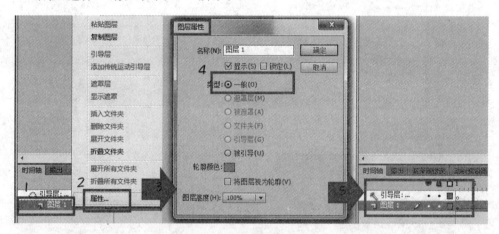

图 6-17　断开链接步骤图

- 普通引导层：是在普通图层的基础上建立的。只需选中准备转换为引导层的图层1，使用单击鼠标右键，在弹出的快捷菜单中，选择"引导层"命令，即可将图层转换为普通引导层，如图 6-18 所示。再新建图层 2，将新建图层拖曳到引导层之下，便可链接层与引导层，如图 6-19 所示。

📖 拓展训练

任务场景：制作激光速写空心字的动画效果，最终效果如图 6-20 所示。

实现步骤如下：

（1）打开 Flash CS6，选择【文件】|【新建】命令，在弹出的【新建文档】对话框中选择 ActionScript 3.0 选项，新建一个 Flash 工程文件。在【属性】面板设置"大小"为"363 像素×363 像素"，"帧频"为"12"fps，"背景色"为"蓝黑色"。选择【文件】|【另存为】命令，命名为"激光速写空心字"，选择目标文件夹，单击【保存】按钮。

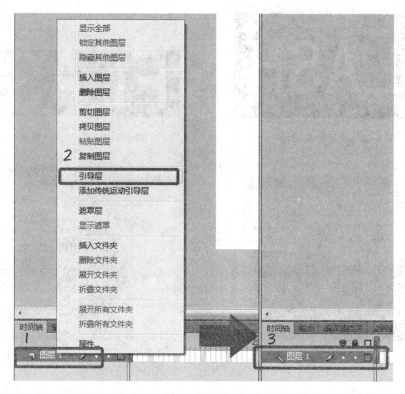

图 6-18 创建普通引导层步骤图

图 6-19 引导层与被引导层关系图

图 6-20 "激光速写空心字"动画效果图

（2）在图层 1 第 1 帧上，使用【文本工具】 T ，设置属性如图 6-21 所示，在舞台上写出"FLASH"，如图 6-22 所示。

（3）保持文字选择状态，按 Ctrl＋B 快捷键两次（按一次为将文字组合分离成单个字母，按两次为将全部文字打散），效果如图 6-23 所示。

（4）选择【墨水瓶工具】 ，颜色属性设置如图 6-24 所示。也可以直接在【属性】面板直接设置颜色为橙色，线条（粗细）笔触为 2，如图 6-25 所示。

（5）为文字勾边线，效果如图 6-26 所示。

（6）切换到【选择工具】，全选舞台所有线条及填充，按照图 6-27 步骤，快速去掉填充色，效果如图 6-28 所示。

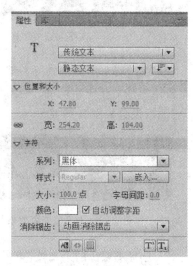

图 6-21 文本属性设置图

图 6-22　文字效果图

图 6-23　完全分离开的文字图

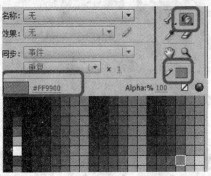

图 6-24　颜色属性设置图

图 6-25　设置笔触大小

图 6-26　文字勾边效果图

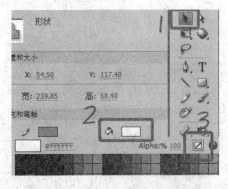

图 6-27　快速去掉填充色步骤图

　　(7) 在图层 1 上单击鼠标右键,选择【复制图层】命令,从而复制图层 1(此步骤很重要,留着备用),然后单击 ⊜ 下面 ● 隐藏该复制图层,单击锁定图标下面点锁定该复制图层,【时间轴】面板设置如图 6-29 所示。

图 6-28　去掉填充色效果图

图 6-29　锁定复制图层

　　(8) 选择图层 1 的第 2 帧,单击鼠标右键选择【插入关键帧】命令(或者直接按 F6 快捷键),利用【橡皮擦工具】慢慢擦除英文 F。每擦除一点就插入一次关键帧,F 字母共插入了 33

个关键帧,第34帧为空白关键帧。步骤如图6-30所示。然后点选第1帧,按住Shift键的同时,点选第34帧,单击鼠标右键选择【翻转帧】命令,如图6-31所示,可见动画完全与之前相反。

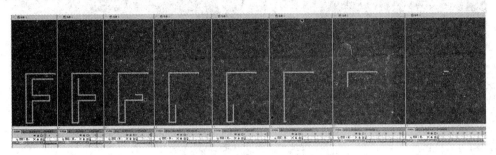

图6-30 擦除字母步骤图

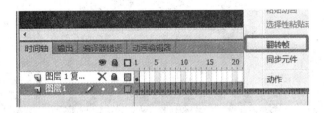

图6-31 翻转帧

(9) 按照字母F的制作方法,依次擦涂出L、A、S、H。注意每个字母之间留两个空白帧。【时间轴】面板如图6-32所示。

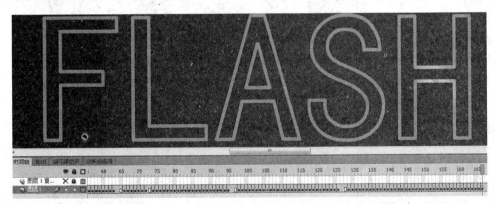

图6-32 时间轴面板

(10) 新建图层,命名为"路径层",将"图层1复制"层上的字母一个个选取,原地粘贴到"路径层"(快捷键Ctrl+Shift+V),并为每个字母开始的帧打上【帧标签】。为了区别改线条颜色为蓝色,并用【橡皮擦】工具擦掉一点边角(作为引导层的路径不能是封闭的,必须有两个端点),效果如图6-33所示。添加帧标签,是选择帧之后,在【属性】面板的标签栏,改名称为字母即可,如图6-34所示。

(11) 在"路径层"上单击鼠标右键,选择【引导层】命令,将其转换为引导层。在该层之下新建图层,重命名为"激光"。用鼠标左键点选"激光"图层,往上拖曳到"路径层"松开鼠标发现"路径层"成为了"激光"层的运动引导层,具体见【时间轴】面板上的图标,如图6-35所示。

图 6-33　路径层效果

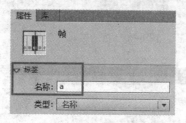

图 6-34　添加帧标签

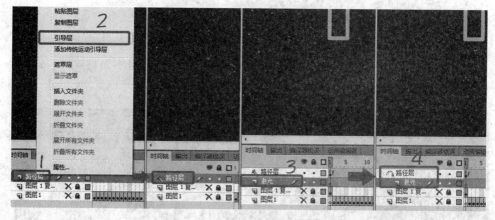

图 6-35　添加运动引导层步骤图

（12）运用【椭圆工具】在"激光"层绘制一个无边框的圆形，填充颜色为径向渐变（中间为白色，边缘为浅蓝色），如图 6-36 所示。

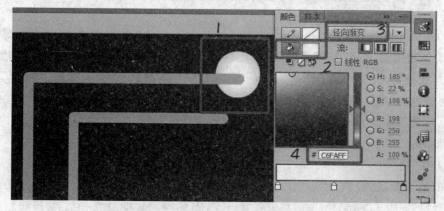

图 6-36　绘制径向渐变圆步骤图

（13）将刚绘制的圆转换为图形元件（按 F8 转换为图形元件），设置名称为"激光"，如图 6-37 所示。双击进入"激光"元件内部，再一次转换为影片剪辑元件（按 F8 键转换为影片剪辑元件），设置名称为"激光 1"，如图 6-38 所示。

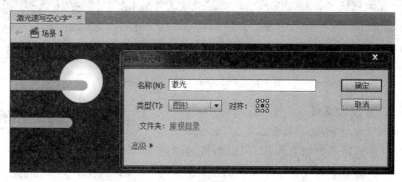

图 6-37　转换为图形元件

图 6-38　转换为影片剪辑元件

（14）设置"激光 1"影片剪辑元件的滤镜属性为渐变发光，参数值如图 6-39 所示。

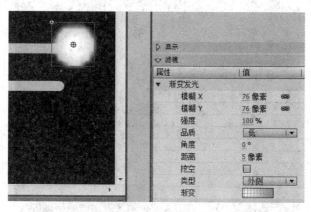

图 6-39　设置滤镜属性

（15）在"激光"图层的第 33 帧插入关键帧（快捷键 F6），在第 1～33 帧中间单击鼠标右键，选择创建传统补间。按照同样的方法，在第 34、37、63、66、72、74、95、98、126、129 和 167 帧插入关键帧（快捷键 F6）。在关键帧之间创建传统补间，【时间轴】面板如图 6-40 所示。

图 6-40　激光图层【时间轴】面板

(16) 删除"图层 1 复制",显示"图层 1",如图 6-41
所示。按 Ctrl+Enter 键测试动画。

(17) 为使激光写字更加有氛围,可以为该动画添
加效果及音效。首先添加气氛层,新建图层,重命名
为"气氛层",在该层上做一个发光小球从上至下沿着
曲线滑落下来的影片剪辑元件,如图 6-42 所示。然后

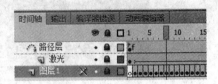

图 6-41　【时间轴】面板

将该元件复制多个,调整不同的大小,使其产生错落感,如图 6-43 所示。该发光球与"激光"
元件的制作方法不一样,没有使用滤镜效果,而是在绘制椭圆之后,直接填充的由白色到透
明度为 0 的径向渐变,如图 6-44 所示。

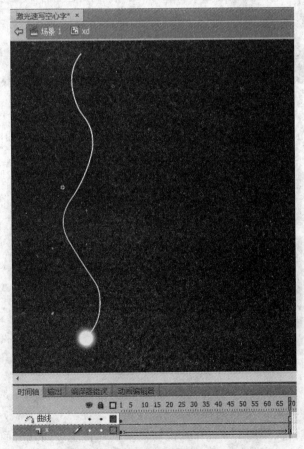

图 6-42　绘制影片剪辑元件 xd

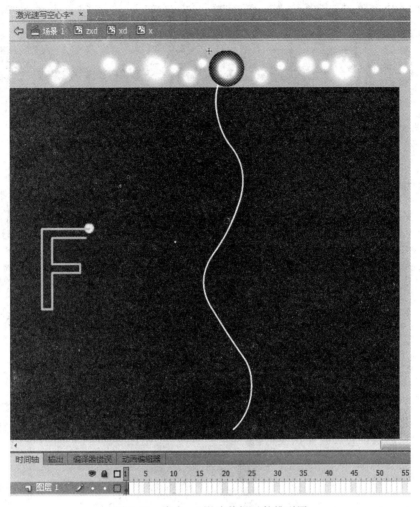

图 6-43　多个 xd 影片剪辑元件排列图

（18）添加音效。首先找到适合格式的声音素材，再新建一个图层，改命名为"背景音乐"。执行【文件】|【导入】|【导入到库】命令，将音乐导入库中。设置属性如图 6-45 所示。此时，动画已经做完，【时间轴】状态如图 6-46 所示。预览并保存动画。

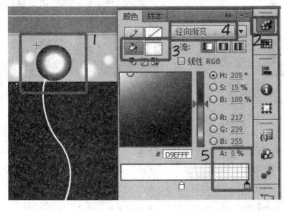

图 6-44　绘制发光球 x 元件步骤图

图 6-45　声音属性设置

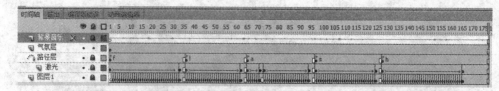

图 6-46　时间轴

6.2　实例引入——红星闪闪动画

任务场景：制作"红星闪闪动画"，最终效果如图 6-47 所示。

实现步骤如下：

（1）打开 Flash CS6，选择【文件】|【新建】命令，在弹出的【新建文档】对话框中选择 ActionScript 3.0 选项，新建一个 Flash 工程文件，舞台背景设置为黑色。选择【文件】|【另存为】命令，另存为"红星闪闪动画"，选择目标文件夹，单击【保存】按钮。

图 6-47　"红星闪闪动画"效果

（2）选择【矩形工具】命令，在【属性】面板设置笔触颜色黄色，填充颜色浅黄到深黄色的线性渐变。在舞台上绘制一个细长的矩形条，如图 6-48 所示。按 F8 键转成影片剪辑元件"矩形条"。双击矩形条进入"矩形条"的编辑状态，用"任意变形工具"调整旋转中心点到矩形外右下角处，如图 6-49 所示。执行【窗口】|【变形】命令，打开变形面板，设旋转 15°，多次单击【复制并应用变形】按钮旋转一周，如图 6-50 所示。

<table>
<tr><td>图 6-48　绘制矩形</td><td>图 6-49　调整旋转中心点</td><td>图 6-50　变形效果</td></tr>
</table>

（3）新建影片剪辑元件"矩形条反"，将"矩形条"元件拖入，对齐。执行【修改】|【变形】|【水平翻转】命令，在第 19 帧插入关键帧（或者按 F6 快捷键）。在第 1～19 帧之间创建动画补间，在【属性】面板上选择顺时针 1 周，如图 6-51 所示。

（4）回到主场景，新建图层 2，在第 1 帧将"矩形条反"放入，使其与图层 1 上的"矩形条"中心对齐。再将图层 2 设为遮罩层，如图 6-52 所示。

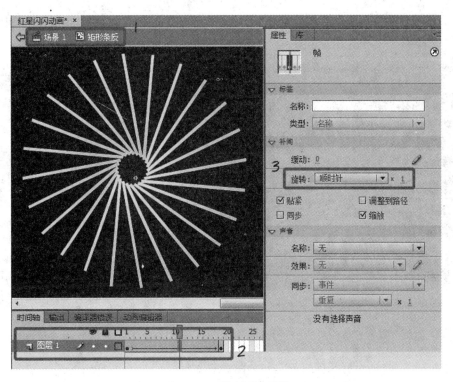

图 6-51 元件创建步骤图

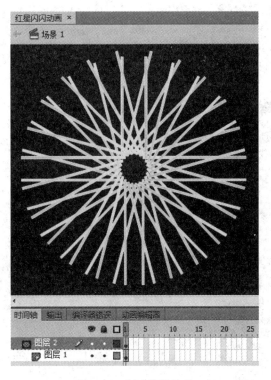

图 6-52 创建遮罩关系

（5）创建新图层 3，在上面绘制五角星。将五角星转换为影片剪辑元件"五角星"，如图 6-53 所示。

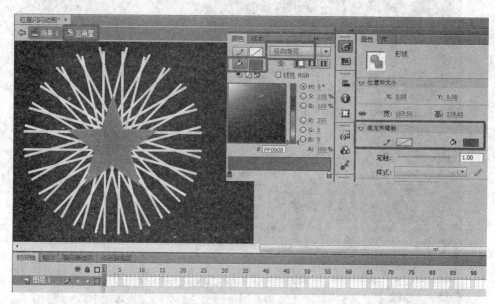

图 6-53 "五角星"元件绘制步骤图

（6）回到主场景，选择元件"五角星"，设置其滤镜，效果及参数如图 6-54 所示。

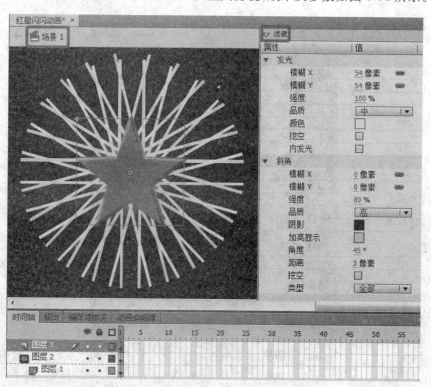

图 6-54 设置"五角星"元件滤镜属性

（7）通过网络下载"红星闪闪.mp3"，利用"格式工厂"软件将其转换一次，再导入到库。创建新图层4，作为音乐层，设置属性如图6-55所示。

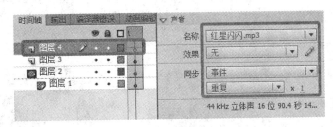

图6-55　声音属性设置

（8）保存文件，测试动画效果。

✍ 知识点

6.2.1　遮罩动画

遮罩动画是通过两个图层来实现的，一个是遮罩层，另一个是被遮罩层。在一个遮罩动画中，遮罩层只有一个，但是被遮罩层可以有多个。

- 遮罩原理：被遮罩层的内容通过遮罩层的填充部分显示出来。在遮罩中的任何填充区域都是完全透明的；而非填充区域都不透明，线条没有遮罩效果。如果一定要是线条作为遮罩，可将线条转换为"填充"。
- 遮罩的用途有两种：一个作用是在整个场景或一个特定区域，使场景外的对象或特定区域外的对象不可见；另一个作用是用来遮罩住某一元件的一部分，从而实现一些特殊的效果。在设计动画时，合理地运用遮罩效果会使动画看起来更流畅，元件与元件之间的衔接时间更准确，具有丰富的层次感和立体感。
- 遮罩层：是一种特殊的图层，遮罩层下面的图层内容就像一个窗口显示出来，除了透过遮罩层显示的内容，其余被遮罩的图层都被遮罩层隐藏起来。利用相应的动作和行为，可以让遮罩层动起来，这样就可以创建各种各样的具有动态效果的动画。

在遮罩层中可以放置字体、形状和实例对象（任何填充形状皆可用作遮罩），可以将遮罩层放在被遮罩的图层上，进而可以透过遮罩层看到位于链接层下面的区域。遮罩层总是遮住其下方紧贴着它的图层。

- 创建遮罩层的方法：首先要选中准备创建遮罩的图层，单击鼠标右键，在弹出的快捷菜单中，选择"遮罩层"命令，便可以创建遮罩层，如图6-56所示。只有遮罩层与被遮罩层同时处于锁定状态时，才会显示遮罩效果。如果需要对两个图层中的内容进行编辑，可将其解除锁定，编辑结束后再将其锁定。

📖 拓展训练

任务场景：利用遮罩动画原理，制作"放大镜效果"动画，最终效果如图6-57所示。

实现步骤如下：

（1）打开Flash CS6，选择【文件】|【新建】命令，在弹出的【新建文档】对话框中选择

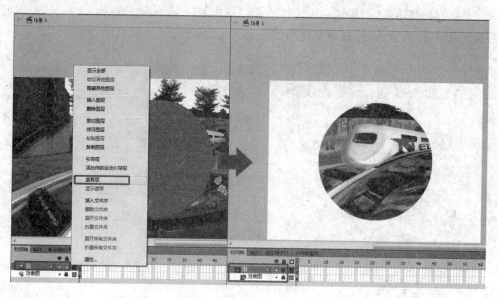

图 6-56 遮罩效果显示步骤图

图 6-57 "放大镜效果"动画

ActionScript 3.0 选项,新建一个 Flash 工程文件。在【属性】面板设置"大小"为"500 像素×300 像素","帧频"为"12"fps,背景色为"白色"。选择【文件】|【另存为】命令,另存为"放大镜动画",选择目标文件夹,单击【保存】按钮。

（2）新建图层 1,重命名为"小字层",写深灰色文本"广东东软学院",属性设置如图 6-58 所示。在该图层第 40 帧插入帧（快捷键 F5）。

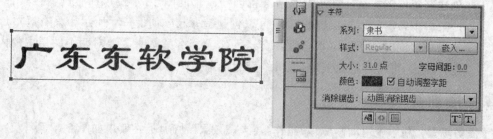

图 6-58 文字属性设置

（3）新建图层 2 命名为"大字层"，写灰色文本"广东东软学院"，属性设置如图 6-59 所示。F8 转化为元件"大字"。在"大字层"的第 1 帧，将文本与"小字层"文本的左边缘对齐，如图 6-60 所示。在第 40 帧，将文本与"小字层"文本右边缘对齐，如图 6-61 所示。再在第 1～40 帧之间创建传统补间。

图 6-59　文字属性设置

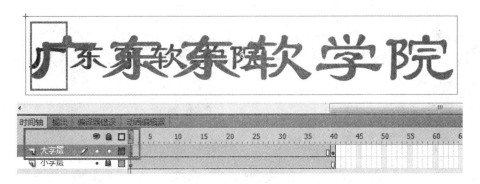

图 6-60　文本左边缘对齐

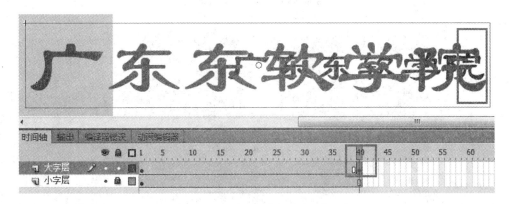

图 6-61　文本右边缘对齐

（4）新建图层 3 命名为"大字遮罩"，用"椭圆工具"绘制一正圆，放在字左侧，大于大字长宽，效果及属性设置如图 6-62 所示。复制圆形备用。按 F8 键转换为元件"圆"，在第 40 帧按 F6 键，将元件"圆"移动到文本的右边，如图 6-63 所示。在第 1～40 帧之间创建传统补间，制作出"圆"从左向右在文本上移动的效果。

（5）在"小字层"上新建图层 4，命名为"小字遮罩"。绘制矩形，颜色与圆不同，矩形要长到能够遮住"小字层"文本（从左到右）。按 F8 快捷键将其转换为元件"矩形"，双击进入"矩形"的编辑状态，粘贴圆使其在矩形的中间位置。选中圆及边框删除，制作出在矩形上挖洞的效果，如图 6-64 所示。

132

图 6-62　绘制正圆

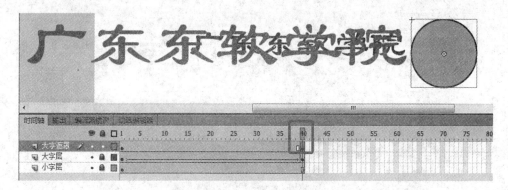

图 6-63　元件及在时间轴显示

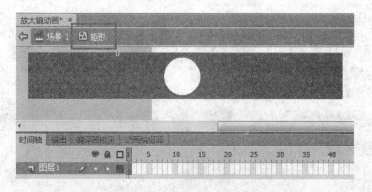

图 6-64　矩形元件效果

（6）回到主场景，在"小字遮罩"层第 40 帧按 F6 键插入关键帧。分别调整第 1 帧、第 40 帧"矩形"元件的位置，使洞刚好和"大字遮罩"层上的圆重合，效果如图 6-65、图 6-66 所示。再在第 1~40 帧之间创建传统补间。

（7）分别将"小字遮罩"和"大字遮罩"作为遮罩层遮罩"小字层"与"大字层"。

（8）新建图层重命名为"放大镜"，在上面粘贴圆，将填充部分去掉只留边框，边框宽度增大到 5 作为镜框。用矩形工具绘制手柄，黑白黑线性渐变，调整其弧度。并利用"任意变形工具"将手柄旋转到合适的角度。按 F8 快捷键将其转换为"放大镜"元件。调整第 1 帧上"放大镜"元件的位置使其与"大字遮罩"的圆对齐（可以打开"大字遮罩"层的锁使圆显示

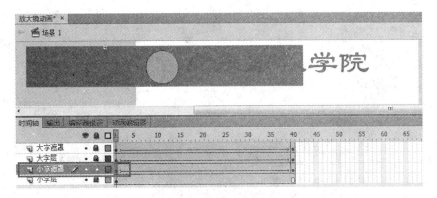

图 6-65　重合效果

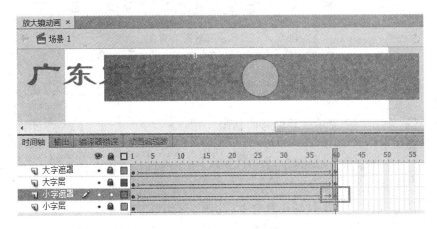

图 6-66　重合效果

出来作为位置参照)。再在第 40 帧按 F6 键插入关键帧,并调整位置使其与"大字遮罩"的圆对齐。然后,在第 1~40 帧之间创建传统补间,效果如图 6-67、图 6-68 所示。

(9) 保存文件,测试动画。

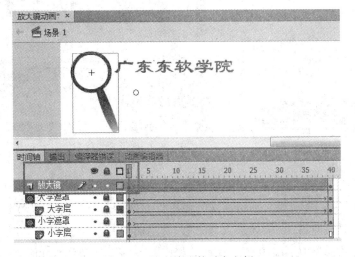

图 6-67　放大镜元件对齐左侧

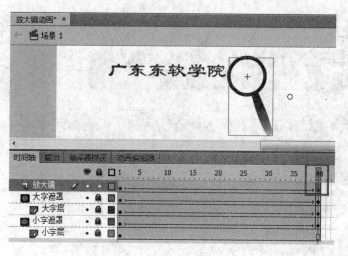

图 6-68　放大镜元件对齐右侧

6.3　实例引入——为分离对象创建骨骼动画

任务场景：制作一个简单的骨骼弯曲动画。

实现步骤如下：

（1）新建一个 Flash(ActionScript 3.0)文档，使用【矩形工具】在舞台中绘制一个矩形，此处使用对象绘制模式，如图 6-69 所示。

（2）单击"图层 1"的第 1 帧选中舞台中的矩形，然后单击工具箱中的"骨骼工具"或者按快捷键 M，将光标移动到矩形左侧边缘处，此时按住鼠标左键并向右拖动，即可在矩形中创建一个 IK(反向运动学)骨骼，同时在【时间轴】面板中自动生成了一个"骨架_2"图层，并且矩形自动移动到"骨架_2"图层中，如图 6-70 所示。

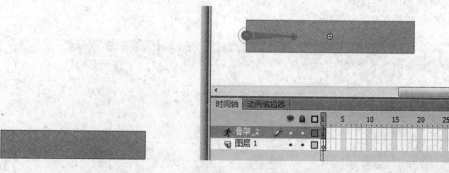

图 6-69　绘制矩形　　　　　　　　　　　图 6-70　反向运动学骨骼

（3）将光标移动到第一个 IK 骨骼的尾部，按住鼠标左键并拖动，以上一级 IK 骨骼的尾端为起点创建下一级 IK 骨骼；利用相同的操作再创建一个 IK 骨骼，如图 6-71 所示。

（4）在所有图层的第 40 帧处插入普通帧，然后将播放头跳转到第 20 帧处，并使用"选择工具"拖动"骨架_2"图层第 20 帧中骨骼的相应关节，调整其形状，此时在"骨架_2"图层的第 20 帧处会自动插入一个姿势关键帧，如图 6-72 所示。

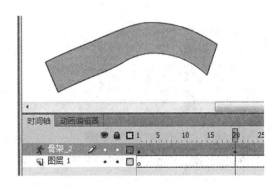

图 6-71　创建一级 IK 骨骼　　　　　　　　图 6-72　调整第 20 帧中矩形的形状

（5）播放头跳转到第 40 帧处，并拖动"骨架_2"图层第 40 帧中的骨骼，调整其形状，至此实例就完成了，按 Enter 键可在舞台中预览动画。

✍ 知识点

6.3.1　骨骼动画

骨骼动画技术是一种依靠反向运动学原理建立的、应用于计算机动画的新兴技术。开发这种技术的目的是模拟各种动物和机械的复杂运动，使动画中的角色动作更加逼真、符合真实的形象。本节主要介绍骨骼动画的相关知识，并结合后续实例，快速掌握骨骼动画的制作技法。

骨骼动画的对象可以是一个图形形状，也可以是多个图形形状，添加第一个骨骼之前必须选择所有的形状。

骨骼动画基本步骤：

（1）使用骨骼工具将图形进行骨骼绑定。

（2）在某帧处移动一个骨骼带动相邻骨骼运动。

（3）重复第 2 步，直到动画设置完成。

创建骨骼常遇到的问题：

- 形状可以创建，线条转化为填充也可以。

- 元件之间可以创建。但创建时元件最好放在不同的图层，元件之间最好不要粘连。

📖 拓展训练

1. **任务场景**：为元件实例创建骨骼动画。

实现步骤如下：

（1）打开素材文档，会在舞台中看到一个吊车图形，它的各个部分都是由图形元件组成的，如图 6-73 所示。

（2）选择工具箱中的【骨骼工具】或者按快捷键 M，将光标移动到支架的底部，然后按住鼠标左键并拖动到与吊杆结合的部位，创建一个 IK 骨骼，如图 6-74 所示。

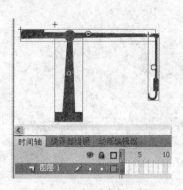

图 6-73　打开素材文档

图 6-74　创建第 1 个 IK 骨骼

（3）以上一个 IK 骨骼的尾端为起点按住鼠标左键并拖动到吊杆右侧与挂钩的结合处，创建第 2 个 IK 骨骼，如图 6-75 所示。

（4）在所有图层的第 40 帧插入普通帧，然后将播放头跳转到第 15 帧处，选择"选择工具"，在按住 Shift 键的同时分别拖动舞台中吊车的吊杆和挂钩，调整其形状，如图 6-76 所示。

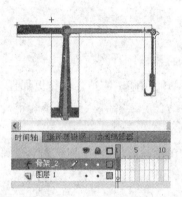

图 6-75　创建第 2 个 IK 骨骼

图 6-76　调整第 15 帧中的吊车形状

（5）将播放头跳转到第 30 帧处，在按住 Shift 键的同时使用"选择工具"分别拖动吊车的吊杆和挂钩，调整其形状，如图 6-77 所示。至此实例就完成了，按 Enter 键可在舞台中预览动画。

图 6-77　调整第 30 帧中的吊车形状

2. **任务场景**：骨骼"绑定工具"。

实现步骤如下：

（1）使用【骨骼工具】为分离对象添加 IK 骨骼后，单击选中工具箱中的"绑定工具"或者按快捷键 Z，然后选中任意骨骼，被选中的骨骼会以红色高亮显示，连接到该骨骼的形状控制点会以黄色高亮显示，如图 6-78 所示。

（2）若要向选定的骨骼添加控制点（即将该控制点连接到选定的骨骼），可在按住 Shift 键的同时单击未加亮显示的控制点，如图 6-79 所示。

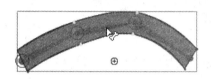

图 6-78　显示形状控制点

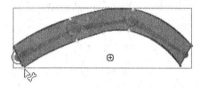

图 6-79　向选定骨骼添加形状控制点

（3）若要从骨骼中删除控制点（即删除骨骼与某个或某几个控制点的连接），可在按住 Ctrl 键的同时单击黄色加亮显示的控制点。

（4）使用"绑定工具"单击选中某个形状控制点后，选定控制点会以红色高亮显示，已连接到该控制点的骨骼会以黄色高亮显示，在按住 Shift 键的同时单击骨骼，可为选定控制点添加骨骼（即将该控制点连接到某个骨骼），如图 6-80 所示。

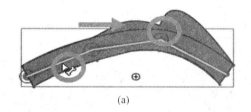

(a)

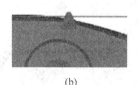

(b)

图 6-80　为形状控制点添加骨骼

本 章 小 结

本章主要介绍了 3 种高级动画：引导动画、遮罩动画和骨骼动画。同时还提供多个有价值的实例，详细阐述了上述 3 种动画的原理、制作过程及技巧。

习　　题

一、选择题

1. 引导层动画分两种（　　　）。

    A. 普通引导层和特殊引导层　　　　　　　B. 普通引导层和运动引导层

    C. 引导层和被引导层　　　　　　　　　　D. 运动引导层和特殊引导层

2. 经常用来做一些镜头效果和特殊效果的图层是（　　　）。

    A. 引导层　　　　　　B. 被引导层　　　　　　C. 遮罩层　　　　　　D. 被遮罩层

3. 以下哪个不能起到遮罩作用？（　　）。

    A. 字体　　　　　　　B. 形状　　　　　　　C. 实例对象　　　　D. 线条

4. （　　）的作用是辅助其他图层对象的运动或定位，例如我们可以为一个球指定其运动轨迹。另外也可以在这个图层上创建网格或对象，以帮助对齐其他对象。

    A. 遮罩层　　　　　　B. 特殊层　　　　　　C. 普通层　　　　　D. 引导层

5. 下列说法中，错误的是（　　）。

    A. 引导层是用来指示对象运行路径的，无须是打散的图形。

    B. 只有遮罩层与被遮罩层同时处于锁定状态时，才会显示遮罩效果。

    C. 遮罩层总是遮住其下方紧贴着它的图层。

    D. 任何填充形状皆可用作遮罩。

6. （　　）中的对象被看作是透明的，其下被遮罩的对象在遮罩层对象的轮廓范围内可以正常显示，例如探照灯效果。

    A. 遮罩层　　　　　　B. 特殊层　　　　　　C. 普通层　　　　　D. 引导层

7. 为对象添加骨骼后，可以使用（　　）移动它，则骨骼对象的位置发生改变，连接的骨骼长短随之发生变化。

    A. 移动工具　　　　　B. 任意变形工具　　　C. 绑定工具　　　　D. 手形工具

8. 为对象创建骨骼后，选中骨骼，以下哪个不是【属性】面板中骨骼的相关属性（　　）。

    A. 联接：旋转　　　　B. 联接：X 平移　　　C. 弹簧　　　　　　D. 滤镜

二、操作题

1. 运用引导动画原理，制作一个动画片段，效果如图 6-81 所示。

图 6-81　引导动画习题

2. 运用遮罩原理，制作一个片尾动画，效果如图 6-82 所示。

3. 制作一个地球绕太阳运动动画。

4. 制作小鸡做操动画。

图 6-82　遮罩动画习题

三、思考题

1. 什么是引导动画，如何制作引导动画？

2. 什么是遮罩动画，如何制作遮罩动画？

3. 什么是骨骼动画？试述骨骼动画制作的基本步骤。

第7章 ActionScript 3.0 编程

学习目标

- 了解 ActionScript 语言的基础知识。
- 掌握脚本的常用函数。
- 掌握交互式动画的制作方法。

ActionScript(简称 AS)语言是 Flash 的脚本编程语言,使用脚本语言编写程序嵌入 Flash 动画中就可以制作出交互式动画。交互动画中的对象具有交互性,可以根据用户的不同选择呈现出千变万化的动画效果。

7.1 实例引入——电子相册

任务场景 1:制作电子相册,效果如图 7-1 所示。电子相册是 Flash 动画制作的典型应用,可以使用模板来快速制作。

图 7-1 "电子相册"效果图

实现步骤如下:

(1)使用 Photoshop 等图像处理软件准备素材图片 5 张,尺寸为 520×392 像素,分别命名为"1.jpg"至"5.jpg"。

(2)启动 Flash CS6,选择【文件】|【新建】命令,打开【新建】对话框。选择【模板】选项卡下面的"媒体播放",在右侧选择"简单相册"后,单击"确定"按钮创建 Flash 文档,如图 7-2 所示。

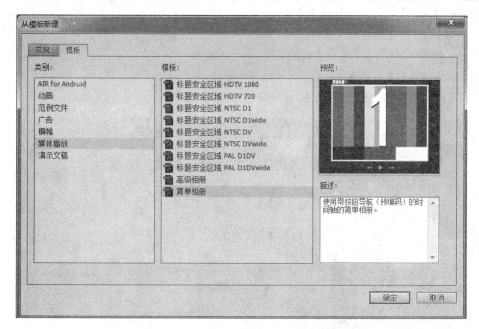

图 7-2 【从模板新建】对话框

(3)此时在舞台上自动生成了一个简易相册,如图 7-3 所示,该简易相册自带了相应的播放控制键。删除【时间轴】面板上的图层"说明"、图层"背景"。保存文件,命名为"电子相册.fla"。

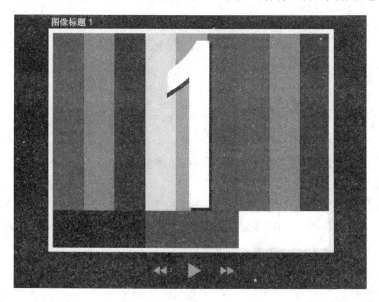

图 7-3 简易相册

(4) 修改 Flash 的文档属性,将舞台的"背景颜色"设置为"♯999999"。

(5) 打开【库】面板,选择 Sample Images 文件夹下的 image01.jpg,如图 7-4 所示。单击鼠标右键选择"属性",打开【位图属性】对话框。单击【导入】按钮,导入事先准备好的素材图片 1.jpg,如图 7-5 所示。

(6) 导入图片 1.jpg 后,舞台显示如图 7-6 所示。此时舞台上的图片已替换,下一步需要调整尺寸。选择舞台上的图片,观察【时间轴】面板,图片位于"图像/标题"图层的第 1 帧。打开【变形】面板,单击右下角的【取

图 7-4 【库】面板

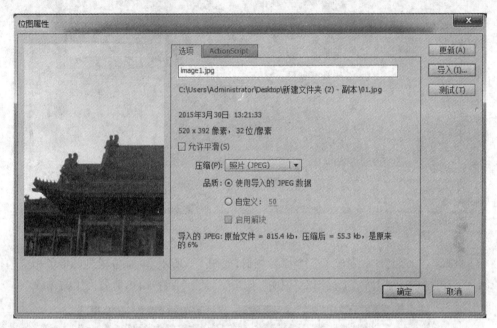

图 7-5 导入素材图片

消变形】按钮,如图 7-7 所示。调整图片位置,X 坐标"62",Y 坐标"26"。

(7) 选择"工具箱"中的文本工具,输入图像标题"故宫"。

(8) 重复第(5)步～第(7)步操作,分别替换图片"image2.jpg"为"2.jpg"、标题"鹅銮鼻";"image3.jpg"为"3.jpg"、标题"海边";"image4.jpg"为"4.jpg",标题"佛光山"。

(9) 选择【文件】|【导入】|【导入到库】命令,将素材图片"5.jpg"导入库中,将其拖动到 Sample Images 文件夹下。

(10) 选择【时间轴】面板中"图像/标题"图层的第 5 帧,按 F6 键插入关键帧。

(11) 选中舞台上的图片,单击【属性】面板的【交换】按钮。在弹出的【交换位图】窗口,选择"5.jpg",单击【确定】按钮,如图 7-8 所示。

(12) 添加图片标题"佛光山 2"。

(13) 选择【时间轴】面板"遮幕层"的第 5 帧,按 F5 键添加帧。选择"控制层"的第 5 帧,按 F5 键添加帧。

图 7-6　替换图片

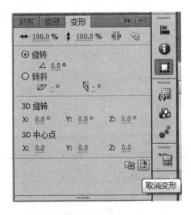

图 7-7　取消变形

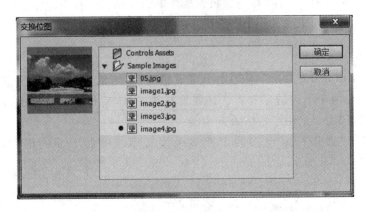

图 7-8　交换位图

（14）测试影片。由于是模板创建，系统自动生成 Action Script 脚本，打开【动作】面板，了解其代码，如图 7-9 所示。

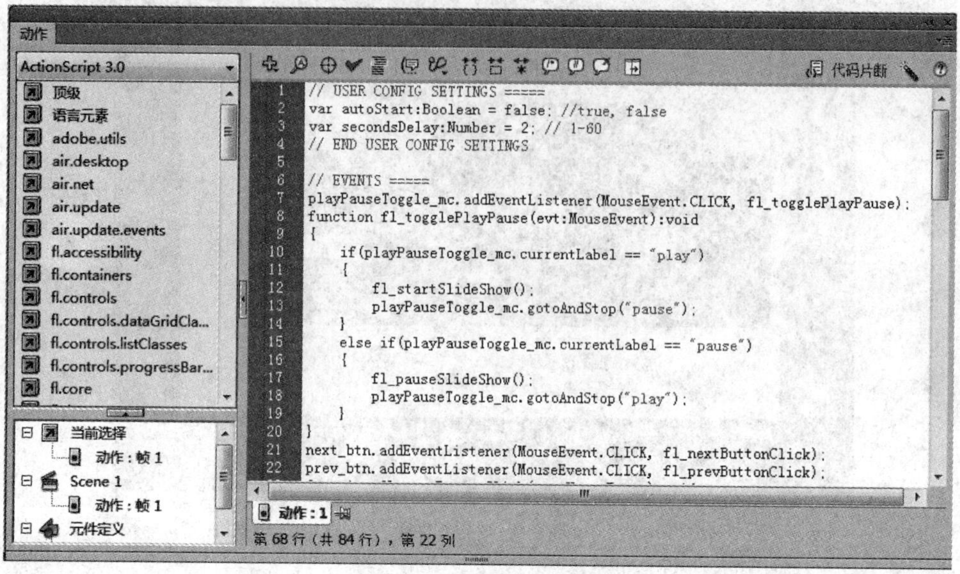

图 7-9　自动生成脚本

✍ 知识点

7.1.1　基本语法

1. 数据类型

数据类型定义了不同种类信息的表达方式，基本数据类型是编程语言的基本构成单元，AS 3.0 定义了几种常用的基本数据类型。

（1）字符串

字符串，顾名思义是一个字符的序列，可以由字母、数字和标点符号组成。在 ActionScript 3.0 中输入字符串时，需要将其放在单引号或双引号中。

例如，在下面的语句中定义一个字符串"Alice"。

```
name = "Alice";
```

在 ActionScript 3.0 中，字符串是大小写敏感的，换句话说，字符串严格区分大小写。"Alice"和"alice"是两个不同的字符串。还需要注意的是，括住字符串的引号是半角字符，在脚本编程时，代码需要采用半角输入方式。

可以使用"＋"操作符来连接两个或多个字符串。例如下面的语句，执行后变量 champion 的值是"Alice is the champion"。

```
name = "Alice";
champion = name + "is the champion";
```

（2）数值型

数值型数据是双精度浮点数，可以使用算术运算符加（＋）、减（－）、乘（＊）、除（/）、取模（％）、自增（＋＋）、自减（－－）来处理数据。例如：

```
x = 5;
trace(x + 8);
```

执行上述代码后，我们可以在【输出】面板中看到"13"这个数字。将代码修改一下，例如：

```
x = "Her age is ";
y = x + 8;
trace(y);
```

执行代码，在【输出】面板中显示"Her age is 8"。说明，当"＋"运算符左右两边的数据类型其中一方为字符串时，AS 得到的运算结果将会是字符串，而不会执行算术加法运算。

（3）布尔型

布尔型有两个值，true（真）或 false（假）。当需要时，AS 可把 true 和 false 转换为 1 和 0。布尔值经常与逻辑运算符结合使用，用于比较和控制程序执行流程的跳转。例如：

```
if(flag = = true){
gotoAndPlay(1);
}
```

上述代码的含义是：当变量 flag 值为 true 时，转回第 1 帧开始播放。

2. 变量和常量

（1）变量

在脚本编程中，变量可以存储任意类型的数据，比如数值、字符串、逻辑值、对象或者影片剪辑。若要声明一个变量，应使用 var 语句。变量声明格式如下：

方式 1：var 变量：类型

方式 2：var 变量：类型＝值

例如：var n:Number = 5;

含义：声明数字变量 n，并将其初始化为 5。

在 AS 中，很多时候无须显式声明一个变量的类型，可以在给变量赋值时自动确定。例如，上述声明变量 n 的语句也可以这样写，

```
n = 5;
```

命名变量须遵守的规则如下：

- 变量名由英文字母和数字组成，且必须以英文字母开头。
- 变量名区分大小写。
- 变量名不能是 ActionScript 内部定义的保留字和关键字。

常用的关键字有：break、for、new、var、continue、function、return、void、delete、if、this、while、else、in、typeof、with、set、get、try、true、false、class、each、include、null、is、const、catch、finally 等。

（2）常量

在整个程序的执行过程中，常量的值不发生改变。声明常量的关键字是 const，只能在声明常量的同时给它赋值，而且一旦赋值即不能更改。按照编程惯例，ActionScript 中的常量全部使用大写字母，各单词之间用下划线（_）分隔。所有的常量可以在【动作】面板的工具箱和动作脚本字典中找到。

全局常量也叫顶级常量，在每个脚本中均可用。全局常量如下：

- Infinity：Number，表示正无穷大。
- -Infinity：Number，表示负无穷大。
- NaN：Number，表示"非数字"值。
- undefined：*，表示尚未初始化的无类型变量或者未初始化的动态对象属性。

3. 运算符和表达式

（1）算术运算符

ActionScript 中的算术运算符如表 7-1 所示。其中，运算符的优先级大体上从低到高排列，程序执行时优先考虑优先级最高的运算符。

表 7-1　算术运算符

运　算　符	说　　明
=	赋值运算符
?:	条件运算符
+	相加
−	相减
*	相乘
/	相除
%	取余
++	自增 1
−−	自减 1
( )	小括号

（2）关系运算符

关系运算符有两个操作数，比较两个操作数的值，依据比较的结果返回一个布尔值。

例如：num % 5 == 0 是一个关系表达式，首先 num 对 5 取余，然后判断余数是否为 0。如果 num 能被 5 整除，返回 true，否则返回 false。

ActionScript 中的关系运算符主要有：>、>=、<、<=、==、!=。关系运算符的优先级要高于逻辑运算符。与其他编程语言用法类似，不再赘述。

（3）逻辑运算符

ActionScript 有 3 种逻辑运算符，如表 7-2 所示。

表 7-2　逻辑运算符

运　算　符	说　　明
&&	逻辑"与"
||	逻辑"或"
!	逻辑"非"

运算规则如下：

① 逻辑"与"：当两边表达式都为 true 时，返回 true。

② 逻辑"或"：只有两边表达式有一个值为 true，则返回 true。

③ 逻辑"非"：只有一个运算对象，返回值取反。若运算对象为 true，则返回 false；若运算对象为 false，则返回 true。

4. 其他基本语法规则

在 ActionScript 3.0 脚本编程中，还需要遵循一些基本的语法规则。

（1）区分大小写

ActionScript 3.0 中，标识符大小写敏感，即区分大小写。

【举例】

```
var stuName:String;
var StuName:String;
stuName = "wang";
StuName = "zhang";
trace(stuName);
trace(StuName);
```

上述代码中 stuName 和 StuName 被认为是两个不同的变量。代码执行结果如图 7-10 所示。

图 7-10　输出结果

在脚本编程时，关键字一定要注意使用正确的大小写字母，否则脚本会出错。单击【动作】面板右上角的 按钮，在弹出的快捷菜单中选择"首选参数"命令，打开【首选参数】对话框，可以在 "ActionScript"选项卡中设置"语法颜色"。默认情况下，输入正确的关键字呈紫色显示，标识符呈蓝色显示。

（2）分号

在 ActionScript 脚本编程中，每一条语句的结尾以分号（;）结束。一般情况下，编程规范要求每行放置一条语句。但 AS 是一种不严格的编程语言，如果缺少了语句结尾的分号，Flash 仍然可以成功地编译脚本。

（3）注释

ActionScript 3.0 有两种类型的注释，单行注释和多行注释。单行注释以两个正斜杠字符（//）开头，单行有效。多行注释以一个正斜杠和一个星号（/ * ）开头，以一个星号和一个正斜杠（ * /）结尾。默认情况下，注释在脚本编辑区显示为灰色，方便阅读程序。

【举例】

```
/*
   This is a multi line comment.
 */
var name:String;                          //声明字符串变量 name
```

7.1.2　流程控制语句

在计算机编程中，程序的执行流程有 3 种基本结构：顺序结构、分支结构和循环结构。

任何复杂的程序都由这种基本结构组成,这 3 种结构可以相互包含,嵌套使用。

1. 顺序结构

程序的默认执行次序是顺序执行,即按照语句出现的先后顺序从上到下依次执行,直到最后一句。顺序结构是程序的基本结构。

2. 分支结构

分支结构是程序根据条件有选择的执行,条件成立与否决定执行哪个分支。分支结构由条件语句实现,主要有 if 语句和 switch 语句。

(1) if 语句。

语法格式如下:

```
if(条件 1)
{
      代码段 1
}else if(条件 2)
{
      代码段 2
}
…
else
{
      代码段 n
}
```

在分支结构中,当程序执行到 if 语句时,首先判断 if 后面的条件 1 是否成立,如成立则执行代码段 1,然后跳出分支结构,继续执行后面的语句;如果条件 1 不成立,再依次判断条件 2 是否成立,如成立则执行代码段 2,然后跳出分支结构,继续执行后面的语句;以此类推,若所有条件均不成立,则执行 else 后面的代码段 n。

在 if 语句中,else 不是必须出现,同时条件语句也可以嵌套,或包含在循环语句中。

【举例】声明变量 age 代表游客年龄,使用 if 语句判断门票价格。

```
var age;
… …
if(age > 65)
      trace("门票免费");
else if(age > = 60)
      trace("门票半价");
else
      trace("门票全价");
```

(2) switch 语句

switch 也叫多分支选择语句,功能可以用 if-else-if 语句替换。如果多个执行路径依赖同一个表达式,此时用 switch 语句更方便。语法格式如下:

```
switch(条件表达式)
{
case 值 1: 代码段 1; break;
case 值 2: 代码段 2; break;
```

```
    …
    default: 代码段 n;
}
```

含义：判断条件表达式的取值，决定执行哪个代码段。default 定义了 switch 语句的默认情况，如果条件表达式的取值均不相符，则执行代码段 n。

【举例】生成 0~5 之间的随机数，并输出它所对应的英文单词。

```
var n = Math.floor(Math.random() * 5);
switch(n)
{
    case 0:trace("Zero");break;
    case 1:trace("One");break;
    case 2:trace("Two");break;
    case 3:trace("Three");break;
    case 4:trace("Four");break;
    default:trace("error");
}
```

其中，Math.random()用于返回一个介于[0,1)之间的随机数。Math.floor()返回参数表达式的下限值。下限值是小于等于与参数最接近的整数，即向下取整。

3. 循环结构

（1）for 语句

for 循环是 3 种循环结构中使用频率最高的，语法格式如下：

```
for(初始化; 循环条件; 步进)
{
    循环体
}
```

其中，"步进"是指每次循环体执行后，对循环控制变量所做的修正。

for 循环的执行过程：首先执行循环条件初始化语句；然后判断循环条件，如果条件满足则执行循环体，完毕后执行"步进"，修正循环控制变量；重复上述过程，再次判断循环条件，成立则重复执行循环体，否则跳出循环。需要注意的是：for 循环属于"当型"循环，即当条件满足时执行循环体，如果初始化即不满足循环条件，则循环体一次也不被执行。

【举例】计算前 100 个自然数的和，使用 for 循环实现。

```
var i:int;
var sum:int;
for(i = 1;i <= 100;i++)
    sum = sum + i;
trace(sum);
```

程序运行结果：5050

（2）while 语句

while 循环也是一种典型的"当型"循环，可以替代 for 循环。

语法格式：

```
while(循环条件)
{
    循环体
}
```

while 语句的功能是当循环条件满足时执行循环体,否则跳出循环,继续执行 while 后面的语句。为了避免死循环,在循环体内必须有修正循环控制变量的语句。

【举例】计算前 100 个自然数的和,使用 while 循环实现。

```
var i:int = 1;
var sum:int;
while(i <= 100)
{
    sum = sum + i;
    i++;
}
trace(sum);
```

(3) do…while 语句

do…while 循环类似于 while 循环,同时二者又有明显区别。

语法格式:

```
do{
    循环体
}while(循环条件)
```

do…while 循环中循环条件位于循环体之后,即反复执行循环体,直到循环条件不成立为止。这属于先执行循环体后判断条件,所以 do…while 循环是一种"直到型"循环。如果初始化循环条件即不满足,则循环体也会被执行一次。

【举例】输出 100 以内能被 3 整除的数。

```
var i:int = 1;
do
{
    if(i % 3 == 0)
     trace(i);
    i++;
}
while(i <= 100)
```

7.1.3 函数定义和调用

函数是在程序中可以重用的代码块,函数体定义了一系列操作,函数调用后将执行函数体的代码。如果一个函数在类中被定义,它也被称作方法。构造函数是一种特殊的函数,构造函数的名称与类名相同。当该类被实例化时,构造函数自动被调用执行。

1. 定义函数

语法格式:

```
function 函数名(参数 0 [,参数 1] … [参数数组名]):返回值类型
{
      函数体
}
```

2. 调用函数

语法格式：

函数名(实参…);

【举例】

```
function add(a:int,b:int):int
{
      return a + b;
}
var s = add(10,20);
trace(s);
```

程序执行结果，【输出】面板显示：30。

也可以对上述代码进行改写：

```
var s = 0;
function add( ... args)
{
      for(var i = 0;i < args.length;i++)
      s += args[i];
}
add(10,20);
trace(s);
```

程序执行结果不变：输出 30。

📖 拓展训练

任务场景：加载图片，实现效果如图 7-11 所示。

实现步骤如下：

（1）打开 Flash CS6，选择【文件】|【新建】命令，在弹出的【新建文档】对话框中选择 ActionScript 3.0 选项，文档尺寸设为"500 像素×667 像素"，帧频设为"12"fps，单击【确定】按钮，新建一个 Flash 工程文件。

（2）下面开始添加 ActionScript 脚本代码。在【时间轴】面板上选择第 1 帧，单击鼠标右键选择"动作"命令，或者按 F9 快捷键打开【动作】面板。切换到半角输入状态，在代码区声明一个变量：

var load:Loader

在输入冒号后，Flash 软件的代码提示显示出一个下拉菜单，提示可用的数据类型。继续输入"lo"，如图 7-12 所示，在下拉菜单中选择"Loader-flash. display"。

图 7-11 "加载图片"效果图

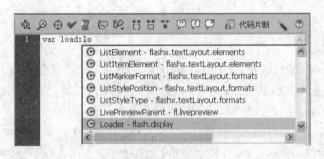

图 7-12 代码提示

　　当选择完成后,Flash 自动添加了一行代码"import flash. display. Loader;",如图 7-13 所示。这句代码含义是导入 Flash 的 Loader 类。注意,在脚本代码中,每条语句的结束需要有分号";"。

　　(3) 继续输入代码,如下所示:

```
var load:Loader = new Loader();
```

图 7-13　代码自动添加

load.contentLoaderInfo.

当输入点号"."时，从代码提示的下拉菜单中选择"addEventListener"，添加事件监听器，如图 7-14 所示。

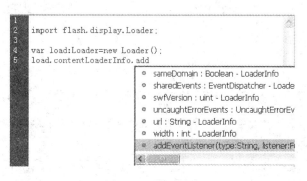

图 7-14　代码提示

（4）继续输入代码，如下所示：

```
var load:Loader = new Loader();
load.contentLoaderInfo.addEventListener(Event.COMPLETE,loadFile);
load.
```

当输入点号"."时，从代码提示的下拉菜单中选择"load（request：URLRequest）"，如图 7-15 所示。

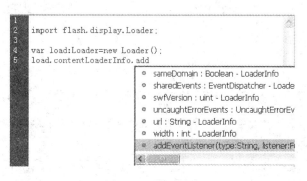

图 7-15　代码提示

（5）继续输入完整代码如下：

```
var load:Loader = new Loader();
load.contentLoaderInfo.addEventListener(Event.COMPLETE,loadFile);
load.load(new URLRequest("image/7_1.jpg"));
```

```
addChild(load);

function loadFile(event:Event):void
{
    trace("加载成功");
}
```

（6）测试影片，成功加载了一张图片，同时【输出】面板显示"加载成功"，如图 7-16 所示。

图 7-16 "加载成功"提示

7.2 实例引入——添加控制按钮

任务场景：控制影片播放。打开第五章制作的"蝴蝶飞过"动作源文件，添加控制按钮（文字），"播放"、"上一帧"、"下一帧"、"停止"、"返回"，效果如图 7-17 所示。

图 7-17 控制动画播放

实现步骤如下：

（1）启动 Flash CS6，打开"蝴蝶飞过.fla"文件。

（2）新建图层，图层名称重命名为"caption"。选择"工具箱"中的"文本工具"，在【属性】面板设置字体类型"黑体"、字体大小"24 点"、字体颜色"D6D6D6"。依次输入"播放"、"停止"、"上一帧"、"下一帧"、"返回"等文字，如图 7-18 所示。

（3）按 Ctrl＋F8 快捷键新建元件，输入名称"Btn"，类型为"按钮元件"，单击【确定】按钮，如图 7-19 所示。

（4）进入元件编辑状态，选择"单击"帧，插入关键帧。选择【工具箱】中的"矩形工具"，无笔触颜色，填充颜色"0099FF"，在舞台中绘制一个矩形，如图 7-20 所示。

（5）回到"场景 1"，新建图层，并将其重命名为"button"。打开【库】面板，拖动上一步做好的隐形按钮 Btn 到舞台上，调整大小，使其刚好覆盖"播放"两个字。

（6）切换到【选择】工具，选中舞台上的隐形按钮，按住 Alt 键同时拖动鼠标复制副本，使其分别覆盖"上一帧"、"下一帧"、"停止"、"返回"，如图 7-21 所示。

图 7-18　输入文字

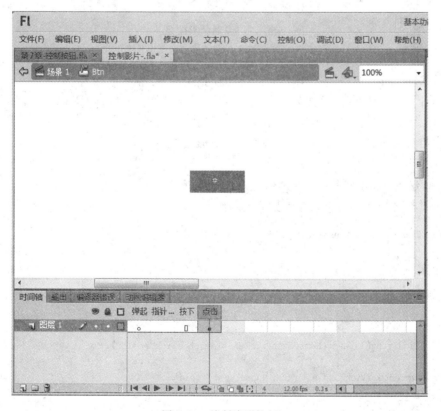

图 7-19　新建按钮元件

图 7-20　绘制隐形按钮

图 7-21　复制隐形按钮

（7）选择"开始"上的隐形按钮，在【属性】面板输入实例名称"playBtn"，如图 7-22 所示；依次选择各个隐形按钮，"上一帧"上的隐形按钮实例名称"preBtn"；"下一帧"上的隐形按钮实例名称"nextBtn"；"停止"上的隐形按钮实例名称"stopBtn"；"返回"上的隐形按钮实例名称"startBtn"。

图 7-22　输入按钮实例名称

（8）新建图层，并将其命名为"as"，默认选中第 1帧，按 F9 键打开【动作】面板。输入如下代码：

```
import flash.events.MouseEvent;

this.stop();

function playBtn_clickHandler(event:MouseEvent):void{
    this.play();
}
playBtn.addEventListener(MouseEvent.CLICK,playBtn_clickHandler);

function preBtn_clickHandler(event:MouseEvent):void{
    this.prevFrame();
}
preBtn.addEventListener(MouseEvent.CLICK,preBtn_clickHandler);
```

```
function nextBtn_clickHandler(event:MouseEvent):void{
    this.nextFrame();
}
nextBtn.addEventListener(MouseEvent.CLICK,nextBtn_clickHandler);

function stopBtn_clickHandler(event:MouseEvent):void{
    this.stop();
}
stopBtn.addEventListener(MouseEvent.CLICK,stopBtn_clickHandler);

function startBtn_clickHandler(event:MouseEvent):void{
    this.gotoAndPlay(1);
}
startBtn.addEventListener(MouseEvent.CLICK,startBtn_clickHandler);
```

（9）测试动画效果，保存文件。

✍ 知识点

7.2.1　面向对象编程

ActionScript 3.0 是一种面向对象的编程语言，那么需要了解一些相关的基本概念：类、对象、属性和方法。

类是对象的模板，对象是类的实例。例如，张三是一名学生，他被看作一个对象，则学生这个群体就可以被看作一个类。类定义了一种结构，同一类的对象按照相同的结构创建。张三作为学生，有学号和姓名，他可以选修课程，即对象有属性和方法。属性定义数据，方法定义功能，对象拥有数据和功能。在面向对象的软件系统中，系统由对象来创建。

【举例】定义学生类

```
class Student
{
    public var name:String;
    public function sayHello():void
    {
        trace("Hello");
    }
}
```

该类中有一个 name 属性和一个 sayHello()方法。可以通过点运算符(.)来访问对象的属性和方法。下面实例化 Student 的一个对象 stu，并访问它的属性和方法。

```
var stu:Student = new Student();
stu.name = "mary";
stu.sayHello();
```

在 Flash 动画制作过程中，属性是对象的固有特征，比如元件的坐标位置、大小、透明度等。方法是指可以由对象执行的操作，如动画停止播放、跳转到某一帧等。而对象的实例化需要使用 new 关键字，声明一个对象类似于声明一个变量。例如，

```
var mc:MovieClip = new MovieClip();                      //实例化一个影片剪辑对象
```

可以通过影片剪辑对象的方法来控制影片剪辑实例的播放，在交互动画编程中经常用到。

使用了类结构的 AS 脚本不能直接写在时间线的帧上，必须要在外部写 AS 文件，不使用类结构的代码才能写在动作面板里。原因是时间线默认导入了 Flash 的内置类，再定义类就会出现嵌套定义错误。

7.2.2 事件处理

ActionScript 3.0 的事件模型基于文档对象模型（DOM）第 3 级事件规范，是业界标准的事件处理体系结构，这种事件处理机制强大直观。事件是什么？简单地说，事件是脚本程序能够识别并可以响应的事情。如鼠标单击事件、鼠标滑过事件、加载事件等。每个事件由一个事件对象表示，事件对象是 Event 类或其某个子类的实例，其不但存储有关特定事件的信息，还包含便于操作此事件对象的方法。

编写事件处理的语法如下：

```
function 事件处理函数名(事件对象:事件类型):返回值
{
    //函数体(为响应事件而执行的操作)
}
事件源对象.addEventListener(事件类型.事件名,事件处理函数名);
```

例如本章开头的实例：

```
function loadFile(event:Event):void
{
    trace("加载成功");
}
load.contentLoaderInfo.addEventListener(Event.COMPLETE,loadFile);
```

上述代码的含义是：程序加载事件完成后，执行 loadFile 函数，在【输出】面板输出"加载成功"的提示。

事件处理的三要素：

（1）事件源：事件发生的对象，也叫事件目标，即接收事件的主体；

（2）事件：将要发生什么事件，addEventListener 函数的第一个参数是事件类型，用事件类的静态常数来表示；

（3）事件响应：发生事件时执行的事件处理函数，addEventListener 函数的第二个参数是事件处理函数名称。当事件发生时，调用事件处理函数。并将事件对象作为其参数。

7.2.3 时间轴控制函数

Flash 影片的播放有一定的顺序，这种顺序可以通过时间轴函数来进行控制。常用的时间轴控制函数如下：

（1）goto 函数

goto 函数可以令影片跳转到一个指定的帧或场景，并从该处开始播放或停止播放，也叫做跳转函数。goto 函数有 2 个子函数,分别是 gotoAndPlay()和 gotoAndStop()。前者是跳转到指定的帧播放,后者是跳转到指定的帧停止。例如:

```
gotoAndPlay(1);        //含义是跳转到第 1 帧开始播放,参数"1"代表帧的编号。
gotoAndStop(15);       //含义是跳转到第 15 帧停止播放。
```

（2）play 函数

play 函数令影片从当前位置开始播放。如果影片由于 stop()或 gotoAndStop()函数停止播放,那么只有使用 play 函数启动,才能继续播放。例如:

```
function playBtn_clickHandler(event:MouseEvent):void{
    this.play();
}
playBtn.addEventListener(MouseEvent.CLICK,playBtn_clickHandler);
```

含义:给 playBtn 按钮元件注册监听器,当"鼠标单击"事件发生时,执行事件处理函数 playBtn_clickHandler 进行处理,"this.play();"使得影片继续播放。

（3）stop 函数

stop 函数令影片停止播放,stop 函数的用法同 play 函数一样,没有参数。例如:

```
function stopBtn_clickHandler(event:MouseEvent):void{
    this.stop();
}
stopBtn.addEventListener(MouseEvent.CLICK,stopBtn_clickHandler);
```

含义:给 stopBtn 按钮元件注册监听器,当"鼠标单击"事件发生时,执行事件处理函数 stopBtn_clickHandler 进行处理,"this.stop();"使得影片停止播放。

（4）prevFrame 函数

将播放头转到前一帧并停止。例如:

```
this.prevFrame();
```

（5）nextFrame 函数

将播放头转到下一帧并停止。例如:

```
this.nextFrame();
```

📖 拓展训练

1. **任务场景**:制作下雨动画。实现效果如图 7-23 所示。

实现步骤如下:

（1）新建文档,把素材图片"菏塘"导入舞台中,并调整图片的位置使其居中(也可以自己准备背景文件,尺寸为 500 像素×375 像素)。

（2）新建名为"下雨"的影片剪辑,在影片剪辑中选择线条工具,将笔触的颜色设置为"＃CCCCCC",在舞台上绘制一条斜线,选中绘制的线条按 F8 键将其转换为图形元件"雨",如图 7-24 所示。

图 7-23 "下雨动画"效果图

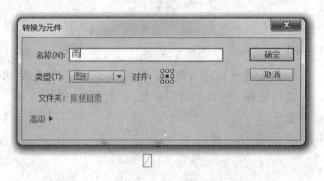

图 7-24 绘制"雨"

(3) 选择图层 1 的第 20 帧,插入关键帧。接下来设置元件"雨"完全透明,在【属性】面板中的"色彩效果"选项下,设置"Alpha"为 0%。并将"雨"移动一定的位置,制作动画。

(4) 新建图层 2 置于图层 1 下,在第 15 帧插入关键帧,绘制一个圆圈,调整位置使其中心在线条"雨"的末端。将圆圈转换为图形元件"涟漪",如图 7-25 所示。

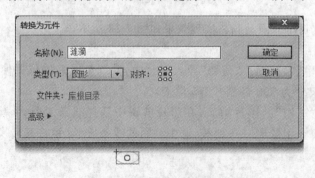

图 7-25 绘制"涟漪"

（5）选择图层2的第25帧，插入关键帧。选择【工具箱】中的"任意变形工具"，将"涟漪"放大（中心位置不变），并设置"Alpha"为0%，使其完全透明。最后创建补间动画。

（6）回到场景1，将图层1重命名为"背景"。新建图层2，将其命名为"雨"。把元件"下雨"从库中拖放到图层"雨"，将其实例名称改为"rain"。在两个图层的第50帧插入普通帧。

（7）新建图层3，重命名为"AS"，该层用来添加脚本。选中第1帧，在动作面板中输入以下脚本。

```
const NUM:uint = 50;
var array:Array = [ ];
var i:uint;
var drop:Rain;

for(i = 0;i < NUM;i++){
    drop = new Rain();
    addChild(drop);
    array. push(drop);
    setTimeout(dropWater, int(Math. random() * 10000),drop);
}

function dropWater(obj:Rain):void{
    obj. x = Math. random() * 500;
    obj. y = Math. random() * 375 - 50;
}
```

（8）选择第50帧，插入关键帧，在动作面板中输入以下脚本。

```
for(i = 0;i < NUM;i++){
    var drop1:Rain = array. pop();
    removeChild(drop1);
}
```

（9）测试并保存动画文件。

2. **任务场景**：制作时钟动画。设计思路，使用脚本语言控制时钟的指针走动。

实现步骤如下：

（1）参考本书第2章的"制作时钟"实例，制作出静态时钟。将舞台上"时针"、"分针"、"秒针"转化为元件。

（2）选择【工具箱】中的"任意变形"工具，调整舞台上"时针"、"分针"、"秒针"的中心点，将它们的中心点都移动到时钟圆心的中心位置。

（3）打开"时针"实例的【属性】面板，在"实例名称"栏输入"hour"；以此类推，打开"分针"实例的【属性】面板，在"实例名称"栏输入"minute"；打开"秒针"实例的【属性】面板，在"实例名称"栏输入"second"。

（4）下面添加脚本代码，新建图层，命名为"AS"。选择【窗口】|【动作】命令，打开【动作】面板，输入如下代码：

```
//初始化时间对象,用于存储当前时间
var date:Date = new Date();
//获取当前时间的小时数
```

ActionScript 3.0 编程

```
var h:Number = date.getHours();
//获取当前时间的分钟数
var m:Number = date.getMinutes();
//获取当前时间的秒数
var s:Number = date.getSeconds();

//计算旋转角度,并设置旋转属性
hour.rotation = h % 12 * 30 + int(m / 2);
minute.rotation = m * 6 + int(s / 10);
second.rotation = s * 6;
```

（5）测试并保存动画文件。

3. **任务场景**：制作广告轮换动画。实现效果如图 7-26 所示。

 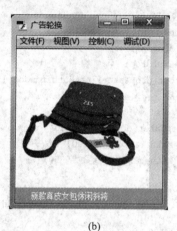

(a)   (b)

图 7-26 "广告轮换"动画效果图

实现步骤如下：

（1）打开 Flash CS6,选择【文件】|【新建】命令,在弹出的【新建文档】对话框中选择 ActionScript 3.0 选项,文档尺寸设为"227 像素×231 像素",帧频设为"25"fps,单击【确定】按钮,新建一个 Flash 工程文件。

（2）保存文件为"广告轮换.fla"。

（3）在源文件的同一目录下,新建文件夹"images",将准备好的素材图片放入,共 5 张图片 item1.jpg～item5.jpg。

（4）创建 xml 文件命名为"itemList.xml",按照文本文档的方式编辑,注意扩展名为".xml"。在 xml 文件输入如下代码：

```
<?xml version = "1.0" encoding = "utf - 8"?>
< images >
  < image source = "images/item1.jpg">女士简约奢华单肩包</image >
  < image source = "images/item2.jpg">时尚真牛皮贝壳包单肩斜跨</image >
  < image source = "images/item3.jpg">新款真皮女包休闲斜挎</image >
  < image source = "images/item4.jpg">真牛皮女包潮斜挎手提包</image >
  < image source = "images/item5.jpg">复古甜美淑女小清新蝴蝶结</image >
</images >
```

（5）回到 Flash CS6，在【时间轴】面板选择第 1 帧，按 F9 键打开【动作】面板，输入如下
代码：

```
import fl.transitions.Tween;
import fl.transitions.easing.*;
stage.scaleMode = "noScale";

function title_bg(se:uint,w:Number,h:Number):Sprite {
    var juxing:Sprite = new Sprite();
    juxing.graphics.beginFill(se);
    juxing.graphics.drawRect(0,0,w,h);
    juxing.graphics.endFill();
    return juxing;
}

var wtw:uint = stage.stageWidth;
var wth:uint = stage.stageHeight;

var jx:Sprite = title_bg(0x99CCFF,wtw,24);
addChild(jx);
jx.y = wth - 24;

var fgx:Sprite = title_bg(0xEEEEEE,wtw,1);
addChild(fgx);
fgx.y = wth - 24;

var bt_txt:TextField = new TextField();
bt_txt.width = 150;
bt_txt.height = 19;
bt_txt.textColor = 0xFFFFFF;
bt_txt.selectable = false;
bt_txt.x = 22;
bt_txt.y = wth - 21.5;
addChild(bt_txt);

var tt:Timer = new Timer(3000);
var b:uint = 0;
var zhongshu:uint = 0;
var loader:Loader;
var _request:URLRequest;
var imageLoader:Loader;
var xml:XML;
var xmlList:XMLList;
var xmlLoader:URLLoader = new URLLoader();
var fadeTween:Tween;

xmlLoader.load(new URLRequest("titleList.xml"));
xmlLoader.addEventListener(Event.COMPLETE, xmlLoaded);
function xmlLoaded(event:Event):void {
    xml = XML(event.target.data);
```

```
        xmlList = xml.children();
        zhongshu = xmlList.length();
        imageLoader = new Loader();
        imageLoader.load(new URLRequest(xmlList[b].attribute("source")));
        addChild(imageLoader);
        bt_txt.text = xmlList[b];
    }
tt.addEventListener(TimerEvent.TIMER,gx);
tt.start();

function dj(e:MouseEvent):void {
    tt.stop();
    b = int(e.target.name.substr(8,1) - 1);
    tt.start();
    imageLoader = new Loader();
    imageLoader.load(new URLRequest(e.target.name));
    addChild(imageLoader);
    bt_txt.text = xmlList[b];
    fadeTween = new Tween(imageLoader,"alpha",None.easeNone,0,1,1,true);
}

function gx(e:TimerEvent) {
    b++;
    if (b >= zhongshu) {
        b = 0;
    }
    imageLoader = new Loader();
    imageLoader.load(new URLRequest(xmlList[b].attribute("source")));
    addChild(imageLoader);
    bt_txt.text = xmlList[b];
    fadeTween = new Tween(imageLoader,"alpha",None.easeNone,0,1,1,true);
}
```

（6）保存文件，按 Ctrl＋Enter 快捷键测试动画效果。

本 章 小 结

ActionScript 3.0 具有强大的功能，如果要熟练应用，需要系统地学习和应用，非一朝一夕之功。本章介绍了 AS 的基本语法和处理机制，并通过若干个实例来学习交互动画的制作。

习　题

一、选择题

1. ActionScript 的语法规则与（　　）语言非常类似。

    A. Java   B. JavaScript   C. Visual Basic   D. C++

2. 在 Flash 的脚本编程中,语句的结尾通常以(　　)结束。

    A. 引号　　　　　　　　B. 括号　　　　　　　　C. //　　　　　　　　D. 分号

3. 逻辑"与"是当两个操作数(　　)时结果才为真。

    A. 同时为真　　　　　　　　　　　　　B. 同时为假

    C. 一个为真,一个为假　　　　　　　　D. 以上都不是

4. 定义函数使用的关键字是(　　)。

    A. public　　　　　　B. function　　　　　C. globle　　　　　　D. private

5. 注释语句是用(　　)符号开头的。

    A. 单引号　　　　　　B. 双引号　　　　　　C. //　　　　　　　　D. 逗号

6. 打开【动作】面板的快捷键是(　　)。

    A. F6　　　　　　　　B. F7　　　　　　　　C. F8　　　　　　　　D. F9

7. 如果要设置影片剪辑实例在屏幕上的位置,需要通过(　　)属性来设置。

    A. xscale 和 yscale　　　　　　　　　B. x 和 y

    C. width 和 heighth　　　　　　　　D. visible

8. 声明变量,使用(　　)。

    A. var　　　　　　　　B. String　　　　　　C. uint　　　　　　　D. 以上都不是

二、操作题

1. 制作鼠标跟随动画。

2. 制作一个影片,内容自己设计。初始时影片处于停止状态,使用按钮控制其播放。

三、思考题

1. 影片剪辑实例名称的命名规则是什么?

2. trace(　　)语句的作用是什么?

3. 在 ActionScript 3.0 中如何添加和移除事件?

第8章 　　　　组　　件

学习目标
- 了解组件的基本概念。
- 掌握常用组件的创建方法。
- 熟悉组件的参数设置。
- 熟练运用交互组件。

组件通常与 ActionScript 脚本配合使用,组件带有参数,可以通过参数修改组件的外观和行为。应用组件,用户可以方便快速地创建应用界面,并将组件所获取的信息传递给相应的脚本程序,由脚本程序执行相应的操作,从而实现交互功能。

8.1　实例引入——改变文字颜色

任务场景:制作一个小动画,效果如图 8-1 所示。单击颜色选择器选择颜色,场景中的文字随之变色。

实现步骤如下:

(1) 新建一个 Flash 文档,尺寸为"300 像素×160 像素"。

(2) 选择【窗口】|【组件】命令,打开【组件】面板,如图 8-2 所示。将 User Interface 下的一个 Label 组件和一个 ColorPicker 组件拖动到舞台上。选择 Label 组件实例,在【属性】面板中输入其实例名称为"s",输入组件参数 text 的值为"Hello",如图 8-3 所示。选择【工具箱】的"任意变形工具"将其适当放大。

图 8-1　"改变文字颜色"动画效果

图 8-2　【组件】面板

(3) 新建"图层 2",选择第 1 帧,右键选择【动作】命令,打开【动作】面板,在代码编辑区输入脚本代码,如图 8-4 所示。

(4) 保存文件,测试动画效果。

(a) 输入实例名称　　　　　　　(b) 输入text参数值

图 8-3　设置"Label"组件实例的属性

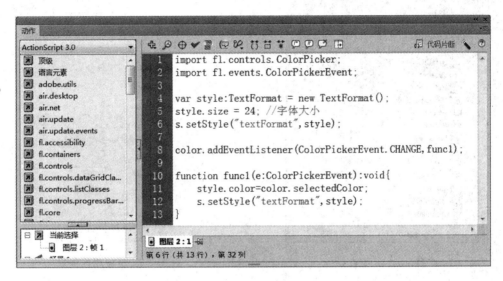

图 8-4　【动作】面板

✍ 知识点

8.1.1　组件的基本概念

组件是 Flash 的重要组成部分,可以看作一种复杂的影片剪辑元件,拥有参数和方法,通常与 ActionScript 脚本配合使用。在组件运行期间,通过设置组件的参数,并将相关信息传递给对应的脚本程序,就可以实现交互。在 Flash 中,组件的类型主要有用户接口组件(User Interface)和视频组件(Video)两种。

打开【组件】面板有两种方法:
- 在菜单条选择【窗口】|【组件】命令,打开【组件】面板。
- 按 Ctrl+F7 组合键,打开或隐藏【组件】面板。

8.1.2　用户接口组件

用户接口组件(User Interface)简称 UI 组件,常用于创建用户界面,用户可以通过 UI 与应用程序进行交互。比如使用组件建立复杂的 Web 表单,或者仅仅在动画中使用 2～3

种组件,建立一个简单的交互界面。常用的 UI 组件主要有 Button、CheckBox、ComboBox、Label、List、RadioButton、ScrollPane、TextArea 等,如图 8-5 所示。可以从【组件】面板拖动组件到舞台中,生成组件的实例。用户可以在【属性】面板编辑这些组件,通过修改参数改变组件的外观设置。

1. Label(标签)

标签组件用于标注信息,起到说明或注释作用。标签组件的【属性】面板如图 8-6 所示。其中 label 参数可以输入标签显示的文字信息,visible 参数用于设置标签是否显示。

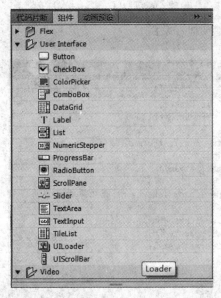

图 8-5　UI 组件

图 8-6　标签组件参数

2. TextInput(文本框)和 TextArea(文本区)

文本框组件用于输入单行文字,与此相对的文本区组件用于输入多行文字。文本框组件的【属性】面板如图 8-7 所示。主要参数包括:

(1) text:设置运行时的初始文本。

(2) editable:设置文本是否可编辑。

(3) visible:设置文本框是否显示。

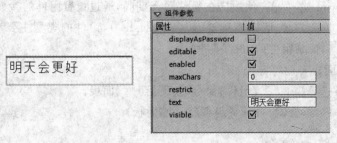

(a) 文本框组件实例　　　　　　(b) 文本框组件参数

图 8-7　文本框组件实例及参数

文本区组件的【属性】面板如图 8-8 所示。主要参数包括：

（1）text：设置运行时的初始文本。

（2）editable：设置文本是否可编辑。

（3）wordWrap：设置文本是否自动折行显示。

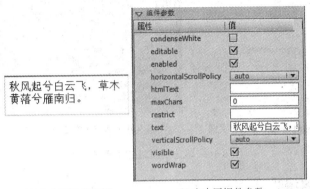

(a) 文本区组件实例　　　　(b) 文本区组件参数

图 8-8　文本区组件实例及参数

3．Button（按钮）

按钮组件可以响应事件，包括所有标准的鼠标事件和键盘事件。该组件的【属性】面板如图 8-9 所示。主要参数包括：

（1）label：设置按钮上显示的标签文字。

（2）labelPlacement：设置标签文字的相对位置。

（3）selected：设置运行时按钮组件的初始状态。

（4）toggle：该选项有两个状态，选中状态值为 true，按钮在按下后将一直保持按下状态；非选中状态值为 false，此时按钮单击后即刻恢复。

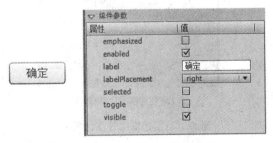

(a) 按钮组件实例　　　　(b) 按钮组件参数

图 8-9　按钮组件实例及参数

4．RadioButton（单选按钮）

单选按钮通常成组使用，每组只能选择一个单项。该组件的【属性】面板如图 8-10 所示。主要参数包括：

（1）label：设置单选按钮显示的文字标签。

（2）value：设置单选按钮对应的数据。

（3）labelPlacement：设置标签文字与圆圈之间的相对位置。默认值为 right，标签文字

组　　件

在圆圈右侧显示。

（4）groupName：设置组名。单选按钮都是成组使用的，同一个组内部的单选按钮在运行时仅能有一个处于选中状态。

性别：　○男　　○女

(a) 单选按钮组件实例　　　　　　(b) 单选按钮组件参数

图 8-10　单选按钮组件实例及参数

5. CheckBox（复选框）

复选框也是一种常见的组件，通常多个复选框同时出现，用户可以同时选中多个。该组件的【属性】面板如图 8-11 所示。主要参数包括：

（1）label：设置复选框上标签文字的值。

（2）labelPlacement：设置复选框上的标签文字与方框的相对位置。默认值为 right，即标签文字显示在复选框右侧。

（3）selected：设置运行时复选框的初始状态。默认值为 false，即非选中状态。

可选课程：☑ 音乐欣赏 ☐ 大众传播学 ☑ 西方哲学史

(a) 复选框组件实例

(b) 复选框组件参数

图 8-11　复选框组件实例及参数

6. ComboBox（下拉列表框）

单击下拉列表框组件右侧的下拉按钮，可弹出下拉列表，用户可以拖动滚动条查看或选择相应的选项。该组件的【属性】面板如图 8-12 所示。主要参数包括：

（1）dataProvider：用于设置下拉列表中显示的数据。单击右侧的 ✐ 图标可以输入。

（2）editable：设置列表框的数据是否允许更改，默认是非选中状态。此时组件实例是灰色的，用户不能在文本框输入内容，只能选择下拉列表中的选项。

（3）rowCount：设置运行时下拉列表框显示的行数，默认值是 5。当列表中的选项数量超过 rowCount 设置的参数值时，界面中将出现滚动条，用户可以拖动显示。

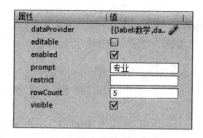

(a) 下拉列表组件实例   (b) 下拉列表组件参数

图 8-12　下拉列表组件实例及参数

7. List（列表框）

顾名思义，列表框提供了一个列表，用户可以从中选择一项或几项。列表框可以显示文字或图形。该组件的【属性】面板如图 8-13 所示。主要参数包括：

（1）dataProvider：用于设置下拉列表中显示的数据。

（2）allowMultipleSelection：设置列表框是否可以选择多个选项。如果处于☑状态，则支持多选。

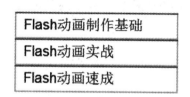

(a) 下拉列表组件实例   (b) 下拉列表组件参数

图 8-13　下拉列表组件实例及参数

以上对常用组件的用法作了介绍，其他用户接口组件的使用方法类似，读者不妨举一反三。各个组件的【属性】面板中可以查看并设置该组件可用的属性。

📖 拓展训练

任务场景：制作"记忆能力测试"动画，最终效果如图 8-14 所示。

实现步骤如下：

（1）新建一个 Flash 文档，尺寸为"550 像素×400 像素"。

（2）将"图层 1"重命名为"背景"，导入素材图片 bg.jpg。调整背景图片在舞台上的位置，使其居中显示，或者直接修改其坐标为(0,0)。

（3）新建图层"文字"，位于"背景"图层上方，在第 1 帧使用文本工具输入记忆能力测试题目。标题字体颜色为"0066CC"，大小为"24"点。内容字体颜色为"黑色"，大小为"18"点。参考图 8-14 的子图(a)输入文字。

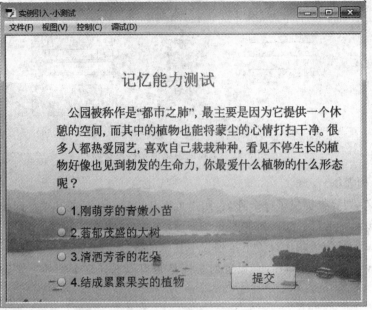

(a) 测试题目

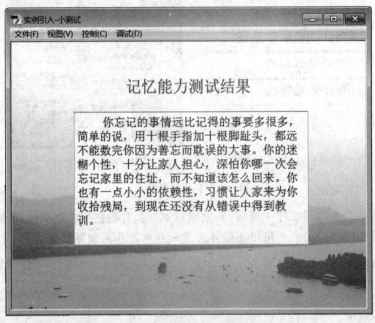

(b) 测试结果

图 8-14　"记忆能力测试"动画效果图

（4）单击"场景"右侧的 组件按钮，选择 User Interface 下的 RadioButton 单选按钮组件。如图 8-15 所示。鼠标拖曳一个组件实例到舞台上，然后在其【属性】面板的 label 属性值文本框中输入"1.刚萌芽的青嫩小苗"。依次类推，再拖曳一个组件实例到舞台上，其 label 属性值为"2.荟郁茂盛的大树"。再拖曳一个组件实例到舞台上，其 label 属性值为"3.清洒芳香的花朵"。再拖曳一个组件实例到舞台上，其 label 属性值为"4.结成累累果实的植物"。

（5）单击"场景"右侧的  组件按钮，选择 User Interface 下的 Button 按钮组件。如图 8-16 所示。鼠标拖曳一个组件实例到舞台上，然后在其【属性】面板的 label 参数值文本框中输入"提交"。

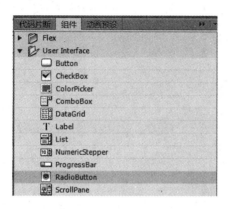

图 8-15　选择"RadioButton"单选按钮组件

(a) 选择Button组件

(b) 设置Button组件的label参数

图 8-16　选择 Button 按钮组件并设置组件实例的参数

（6）在第 20 帧插入关键帧，使用文本工具输入"记忆能力测试结果"作为标题，字体颜色为"0066CC"，字体大小为 24 点。

（7）单击"场景"右侧的  组件按钮，选择 User Interface 下的 TextArea 按钮组件。如图 8-17 所示。鼠标拖曳一个组件实例到舞台上，在【属性】面板中设置其实例名称为"result"，并修改其坐标为(100,105)。

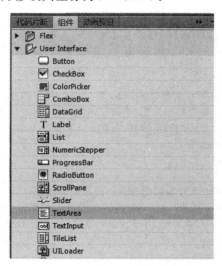

(a) 选择TextArea组件

(b) TextArea组件实例属性

图 8-17　选择 TextArea 组件并设置组件实例的参数

(8) 选择"背景"图层,在第 20 帧插入帧。

(9) 新建图层"as",位于"文字"图层上方。选择第 1 帧,单击鼠标右键,在弹出的快捷菜单中选择【动作】命令,打开【动作】面板,输入如下代码:

```
import flash.events.MouseEvent;

var answer;
var style:TextFormat = new TextFormat();

//style.font = "//字体";
style.size = 18; //字体大小
option1.setStyle("textFormat",style);
option2.setStyle("textFormat",style);
option3.setStyle("textFormat",style);
option4.setStyle("textFormat",style);
submit.setStyle("textFormat",style);

submit.addEventListener(MouseEvent.CLICK,func1);

function func1(e:MouseEvent):void{
    if(option1.selected == true)
        answer = "1";
    if(option2.selected == true)
        answer = "2";
    if(option3.selected == true)
        answer = "3";
    if(option4.selected == true)
        answer = "4";
    this.gotoAndPlay(20);
}
stop();
```

(10) 选择第 20 帧,单击右键选择插入关键帧,打开【动作】面板输入如下代码:

```
result.setStyle("textFormat",style);
if(answer == "1"){
    result.text = "          你忘记的事情远比记得的事要多很多,简单地说,用十根手指加十根脚
```
趾头,都远不能数完你因为善忘而耽误的大事。你迷糊的个性,十分让家人担心,生怕你哪一次会忘记家里的住址,而不知道该怎么回来。你也有一点小小的依赖性,习惯让人家来为你收拾残局,到现在还没有从错误中得到教训。";
```
}
if(answer == "2"){
    result.text = "          你一向沉稳,交代给你的事情绝对不会出任何问题,所以大可以放心。
```
你的心思细腻,做事也有条理,可以把千头万绪的繁杂问题,做好清楚的分析与归类,这对你而言是意图反掌的事。你在求学期间,也是运用这种方式来应付考试,所以你在文科方面的成绩总是特别突出。";
```
}
if(answer == "3"){
    result.text = "          你有点小健忘哦,好像常常丢三落四,不过都是些小东西,比较重要的
```
事情,你还是会很谨慎地记下来,才不至于误事。而那些小糊涂的辉煌业绩,就非常可观喽!客厅、学校、公司、商店,各处都可能会发现你遗忘的物品,然后看见你又慌慌张张赶回来拿,让人有点受

不了。";
}
if(answer == "4"){
    result.text = "　　　　　你表面上看起来不拘小节、粗心大意,其实你都想得很深入,记在心中。
平时你总是大刺刺的,好像很开心,没什么心事。那是因为你不想和太多人分享内心世界,只有得到
你信赖的好友,才知道你在想什么,你对小事会记得很久,虽然不至于会钻牛角尖,但是心里藏了那
么多秘密,也是挺辛苦的。";
}
stop();

(11) 至此,动画制作完成,时间轴的状态如图 8-18 所示。

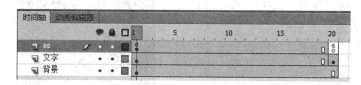

图 8-18　【时间轴】状态

(12) 测试并保存动画文件。

8.2　实例引入——播放视频

任务场景: 视频播放动画制作,最终效果如图 8-19 所示。

图 8-19　"视频播放"动画效果

实现步骤如下:

(1) 新建一个 Flash 文档,尺寸为"450 像素×330 像素"。

(2) 打开【组件】面板,选择 Video 下的 FLVPlayback 组件,拖曳一个组件实例到舞台
上,如图 8-20 所示。

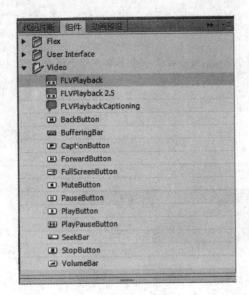

(a) 选择FLVPlayback组件　　　　　　　　　　(b) 创建组件实例

图 8-20　创建 FLVPlayback 组件实例

（3）选中舞台上的 FLVPlayback 实例，查看【属性】面板的组件参数，如图 8-21 所示。

（4）单击组件参数下 source 参数右侧的 图标，弹出【内容路径】对话框，如图 8-22 所示。单击右侧的 图标，打开【浏览源文件】对话框，找到素材"片段 1. flv"，复选框"匹配源尺寸"无须打勾，单击【确定】按钮。

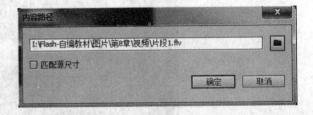

图 8-21　查看 FLVPlayback 组件参数　　　　图 8-22　【内容路径】对话框

（5）单击铅笔图标 ，打开【选择外观】对话框。

选择以下选项之一：

- 从【外观】下拉列表中，选择一种预先设计的外观附加到组件上。
- 如果已经创建了自定义外观，则可以从下拉菜单中选择"自定义外观 URL"，然后在 URL 框中输入包含此外观的 SWF 文件的 URL。
- 选择"无"。

提示：还可以使用右侧颜色选择器更改外观的颜色，比如蓝色。

此处选择预设外观"MinimaFlatCustomColorPlayBackSeekCounterVolMute. swf",如图 8-23 所示。

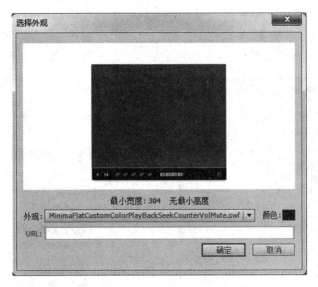

图 8-23 【选择外观】对话框

（6）测试动画并保存文件，文件名为"播放视频.fla"。

✍ 知识点

8.2.1 视频组件

Video 组件即视频组件，通过 Video 组件可以与各种多媒体制作与播放软件进行交互。常用的 Video 组件包括 FLVPlayback、PlayButton、FLVPlaybackCaptioning、StopButton、VolumeBar 等，如图 8-24 所示。

1. FLVPlayback

使用 FLVPlayback(FLV 回放)组件可以在 Flash 应用中嵌入视频播放器，它支持播放通过 HTTP 渐进式下载的 Flash 视频文件，或者播放从 Flash Media Server (FMS)或其他 Flash 视频流服务(FVSS)流式加载的 FLV 文件。

FLVPlayback 组件的使用过程基本上分成两个步骤：第一步将组件实例放在舞台上，第二步是指定一个供它播放的 FLV 源文件。此外，用户还可以通过设置不同的组件参数，来控制其行为并描述 FLV 文件。

FLVPlayback 组件的【属性】面板如图 8-25 所示。主要参数包括：

（1）align：对齐方式，默认居中。

（2）autoPlay：设置 FLV 文件是否自动播放。如果为 true,则组件在加载 FLV 文件后自动播放，默认为 true。

（3）cuePoints：为提示点字符串，提示点允许用户同步 Flash 动画、图形或文本。默认为空串。

（4）isLive：是一个布尔值，值为 true 或者 false,设置是否指定 FLV 文件实时加载流。

（5）skin：用于设置组件的外观。

（6）skinAutoHide：是一个布尔值，用于设置当鼠标不在组件实例上悬浮时，是否自动隐藏组件外观，默认值为 false。

（7）source：用于设置 FLV 文件的路径。

（8）volume：用于设置音量，默认值为 1。

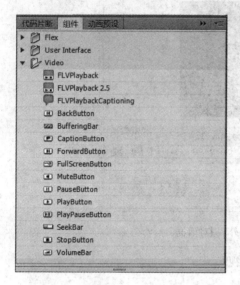

图 8-24　Video 组件

图 8-25　FLVPlayback 组件参数

2. 其他组件

FLVPlayback 组件包括 FLV 回放自定义用户界面组件。这些组件提供控制按钮和机制，可以用于播放、停止、暂停 FLV 文件以及对该文件进行其他控制。主要有 PlayButton、FLVPlaybackCaptioning、StopButton、VolumeBar 等。

FLVPlayback 组件还包括一个 ActionScript 应用程序编程接口（API）。API 包括的类主要有：CuePointType、FLVPlayback、FLVPlaybackCaptioning、NCManager、VideoAlign、VideoError、VideoPlayer、VideoState 以及事件类如 AutoLayoutEvent、LayoutEvent、MetadataEvent、SkinErrorEvent、SoundEvent、VideoEvent 和 VideoProgressEvent。具体用法读者可自行查阅 AS 3.0 的相关技术文档。

📖 拓展训练

任务场景：给视频添加字幕，最终效果如图 8-26 所示。

实现步骤如下：

（1）新建 Flash 文档，尺寸为"480 像素×360 像素"。

（2）打开【组件】面板，选择 Video 下的 FLVPlayback 组件，拖曳一个组件实例到舞台上。在【属性】面板中将其尺寸调整为"宽：480，高：320"，将其实例名称设置为"myFLVPlayback"。

（3）调整组件外观，修改组件参数 skin 为 SkinUnderAllNoCaption. swf，颜色为"#003399"。

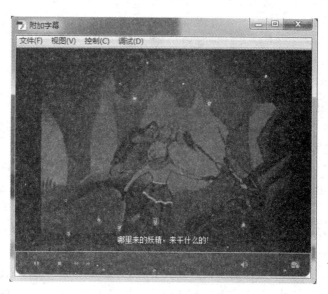

图 8-26　附加字幕效果

（4）将图层 1 重命名为"视频"。

（5）新建图层 2，命名为"as"。选择第 1 帧，右键打开【动作】面板，添加如下脚本代码：

```
//导入类
import fl.video.FLVPlaybackCaptioning;
import flash.system.System;

//使用系统编码
System.useCodePage = true;
//指定播放视频的路径
mFLVplayback.source = "片段4.flv";

//创建字幕实例
var my_Cap = new FLVPlaybackCaptioning();
//加载字幕实例到舞台
addChild (my_Cap);

//设置字幕文件的路径
my_Cap.source = "字幕.xml";
//显示字幕
my_Cap.showCaptions = true;
```

此时【时间轴】面板的状态如图 8-27 所示。

（6）将素材"字幕.xml"复制到本实例文件的相同路径下。保存文件，测试动画。

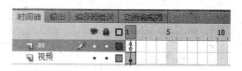

图 8-27　时间轴状态

本 章 小 结

　　本章主要介绍了两类组件在动画中的应用，分别是 UI 组件和 Video 组件。组件的学习除了需要熟悉常用组件的基本参数设置，还需要读者平时加强实践练习，才能熟练掌握。

习 题

一、选择题

1. 在 Flash 中，用于打开【组件】面板的菜单是（   ）。

    A. 文件　　　　　　　B. 视图　　　　　　C. 编辑　　　　　　D. 窗口

2. 下列说法哪个是错误的（   ）。

    A. 使用组件，有利于快速构建复杂的用户界面

    B. RadioButton 组件通过单击来确定选中或未选中状态，同一组的选项之间相互相斥

    C. CheckBox 组件允许在应用程序中启用或禁用，经常用于在相互排斥的选项之间进行单选

    D. User Interface 组件用于设置用户界面，并通过界面与应用程序进行交互

3. CheckBox 组件中，（   ）参数用于设置复选框的初始状态是否被选中。

    A. label　　　　　　B. labelPlacement　C. selected　　　　D. visible

4. 快速隐藏或显示所有面板的快捷键是（   ）。

    A. F4　　　　　　　B. F5　　　　　　　C. F6　　　　　　　D. F7

5. Button 组件中，用于设置文本显示的参数是（   ）。

    A. label　　　　　　B. enabled　　　　　C. selected　　　　D. toggle

6. 要设置动态文本的实例名称，可以通过（   ）。

    A. 文本菜单　　　　B. 修改菜单　　　　C. 属性面板　　　　D. 动作面板

7. 如果图像素材篇幅很大，而在应用程序中只有很小的空间来显示，可以将该图片加载到（   ）组件中。

    A. Label　　　　　　B. ScrollPane　　　C. List　　　　　　D. TextArea

8. 修改组件外观的方法是（   ）。

    A. 使用钢笔工具　　　　　　　　　　　B. 使用铅笔工具

    C. 使用选择工具　　　　　　　　　　　D. 使用任意变形工具

二、操作题

1. 设计并制作一个账号注册动画，注册信息提交后给予反馈提示。

2. 使用 Flash 组件制作测试题动画，并统计答对的题目数。

3. 设计并制作一个视频点播动画，包括视频播放窗口、视频列表、视频标题等内容。

三、思考题

1. 请阐述 Flash 中的组件的概念。

2. Flash CS6 的常用组件有哪几类？各类组件的功能有何不同？

3. 应用组件进行 Flash 动画创作有何好处？

第9章 动画的测试与发布

学习目标

- 掌握优化影片的方法。
- 熟练运用在 Flash 中影片测试、导出与发布的方法。

当动画制作完毕,根据不同的应用需要,需要将动画发布为不同格式的文件,在发布、导出之前通常会对其进行测试。Flash 除了可发布一些用以观看的 SWF、GIF、AVI 等动画格式外,HTML 和 EXE 文件的使用在 Flash 中也较为广泛。

通过学习本章内容,掌握在 Flash 中如何优化影片。熟练运用在 Flash 中影片测试、导出与发布的方法。

9.1 优 化 影 片

优化影片可以优化影片的质量,一般 Flash 作品在制作的过程或者完成以后都需要采取多种策略或方法进行优化,以减小文件的大小,减少下载时间。

9.1.1 位图的优化

位图一般作为背景或静态元素,应尽量避免使它运动。导入的位图应该在【库】面板中进行压缩,压缩的品质值越高,文件就越大。

避免过多地使用位图等外部导入对象,否则动画中的位图素材会使文件增大。

在执行【控制】|【测试影片】命令(或者是按快捷键 Ctrl＋Enter)之后,Flash 会自动对位图文件进行优化,在和源文件同一个文件夹中,可见导出的 SWF 文件大小为 50.5KB。如果通过设置优化得到清晰且文件更小的画面,需要在【库】面板中选择需要优化的图片,右键单击,在弹出的菜单中选择【属性】命令,在弹出的【位图属性】对话框,在其中可以对参数进行设置,如图 9-1 所示。从而对位图文件进行优化,导出的 SWF 文件大小为 14.2KB。对比设置优化之后导出文件效果及大小,如图 9-2 所示。

9.1.2 矢量图形的优化

矢量图是用包含颜色位置属性的直线或曲线公式来描述图像的,因此矢量图可以任意放大而不变形,大小与图形的尺寸无关,但与图形的复杂程度有关。如果将位图转换为矢量图,还应该对转换后的矢量图进行优化。

减少矢量图形的形状复杂程度,如减少矢量色块图形边数或矢量曲线的折线数量。选中矢量图形,执行【修改】|【形状】|【优化】命令,在弹出的【优化曲线】对话框中,可以对"优化强度"进行设置。最终优化之前与之后的对比图如图 9-3 所示。

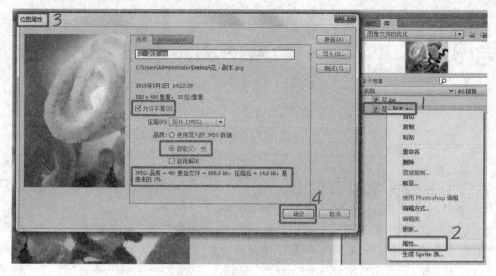

图 9-1　位图设置优化步骤图

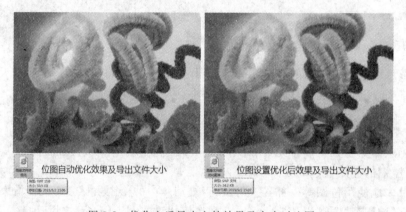

位图自动优化效果及导出文件大小　　　位图设置优化后效果及导出文件大小

图 9-2　优化之后导出文件效果及大小对比图

矢量图形优化前　　　　　　矢量图形优化后

图 9-3　优化之前与之后的对比图

9.1.3　元素和线条的优化

- 元素优化：尽可能组合相关元素。将动画过程中发生变化的元素与保持不变的元素分散在不同的图层上。
- 线条优化：使用实线将使文件更小，限制使用特殊类型的线条数量，例如短划线、虚线和波浪线等。使用矢量线代替矢量色块图形，因为前者的数据量要少于后者。

9.1.4　文字的优化

限制字体和字体样式的使用，过多地使用字体或字体样式，会增大文件的数据量。在嵌入字体选项中，选择嵌入所需的字符，而不要选择嵌入整个字体。

将字体打散并不能减少文件体积，相反会使文件变大，如果要重复使用文字，建议将其转换为元件。

9.1.5　色彩的优化

在对作品影响不大的情况下，减少渐变色的使用，尽量使用颜色调色板中的颜色。限制使用透明效果，它会降低影片播放时的速度。在创建实例的各种颜色效果时，应多使用"颜色样式"功能。

9.1.6　动画的优化

- 多使用元件：在动画中，使用两次或两次以上的元素要转换为元件。元件只在库中保存一次，重复使用一个元件不会明显加大动画文件的大小，并只被下载一次。制作动画序列时，将其制作为影片剪辑元件，而不要制作为图形元件。
- 多使用补间动画：补间动画的过渡帧是计算得到，因此其数据量远远少于逐帧动画。只要有可能，在动画中尽量避免使用逐帧动画，而使用补间动画代替逐帧动画。
- 声音文件的使用：尽可能多地使用压缩效果最好的 MP3 格式文件，其占用空间最小。如非必须，不要添加太长的声音文件。
- 尽量避免使用位图做动画。

9.2　测 试 影 片

通常测试影片有两种不同的方式：在动画测试环境中测试和在动画编辑模式中测试。两种测试各有优点，下面介绍这两种不同的测试方式。

9.2.1　动画测试环境中测试

要评估影片、动作脚本或其他重要的动画元素，对动画进行全面测试，必须在动画测试环境中测试。

- 执行【控制】|【测试影片】命令（或者是按快捷键 Ctrl＋Enter）进行测试，Flash 将自动导出当前动画中的所有场景。

- 执行【控制】|【测试场景】命令(或者是按快捷键 Ctrl＋Alt＋Enter)进行测试,Flash
  仅导出当前动画中的当前场景。

执行测试影片与测试场景命令会自动生成.swf 文件,且自动将它置于当前影片源文件
所在的文件夹中。

9.2.2 测试影片下载性能

Flash 自带了一个下载性能图表工具,在动画测试环境中,可以查看下载性能图表,设
置下载速率。测试影片下载性能可以发现数据传输中的瓶颈所在,这些瓶颈发送数据量大,
可能导致播放中断。在影片下载的过程中,如果影片下载的数据未接收完成,影片将暂停,
直至数据到达位置。

- 当执行【控制】|【测试影片】命令(或者是按 Ctrl＋Enter 快捷键)进行测试时,Flash
  会在新窗口中打开并播放 SWF 文件。在播放 SWF 文件的菜单栏中,执行【视图】|
  【下载设置】命令,可选择一个下载速度来确定 Flash 模拟的数据流速率。若要自定
  义设置,可选择【自定义】,如图 9-4 所示。

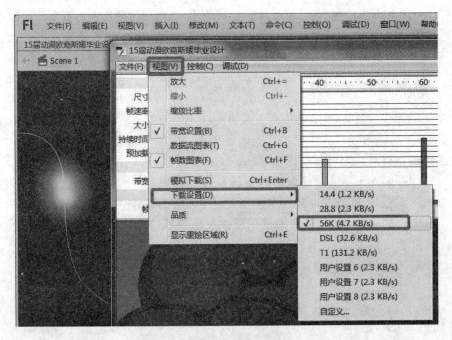

图 9-4 数据流速率设置

- 在播放 SWF 文件的菜单栏中,执行【视图】|【宽带设置】命令,可显示下载性能的图
  表,下载性能图表分为左、右两部分。左边显示的是动画的一些基本参数、测试设置
  和动画状态。右边显示了下载测试的直观图表,图表中交替显示深灰色和淡灰色
  条,代表各个帧,当单击色块时,在左侧可显示其帧序。此有助于查看哪些帧导致数
  据流延迟,如有帧块延伸到红线(400B)之上,则动画播放到此处时必须等待该帧下
  载完毕,如图 9-5 所示。

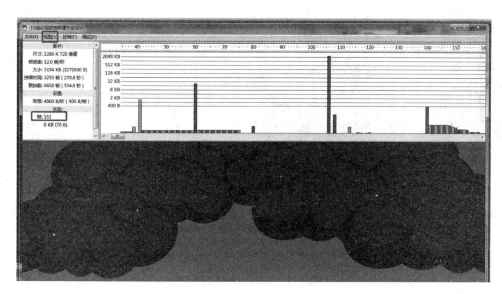

图 9-5　下载性能显示图

9.2.3　动画编辑环境下测试

动画编辑环境下测试方式的优点是方便快捷,可以单独测试一段影片,但是该测试方式有不可测试的内容。主要包括两种测试方法:简单动画测试和交互控制测试。

- 简单动画测试:直接按下 Enter 键;直接执行【控制】|【播放】命令;执行【窗口】|【工具栏】|【控制器】命令,打开【控制器】面板,单击其中的播放控制按钮进行动画测试。

在简单动画测试中,只对主时间轴上的声音和动画(包括形状和动画过渡)起作用。动画中的影片剪辑元件、按钮元件以及脚本语言均不能得到测试。

Flash 编辑环境中的重放速度比最终优化和导出的动画慢。

- 基本交互控制测试:通过设置,可以对简单的帧动作及按钮元件进行测试。

执行【控制】|【启用简单帧动作】命令,可以测试简单的帧动作(play、stop、gotoandstop 和 gotoandplay 等)。

执行【控制】|【启用简单按钮】命令,可以测试按钮在弹起、指针滑过、按下和单击状态下的外观。

9.3　导 出 影 片

在将 Flash 动画优化并测试之后,就可以利用导出命令将动画导出为其他文件格式。导出与发布不同,每次导出操作只能生成一种格式文件,同时导出的设置不被存储起来。导出的文件可以在其他应用程序中编辑和使用。

在【文件】|【导出】菜单下常用的有两个导出命令,一个是【导出图像】,用于导出静态图;另一个是【导出影片】,用于导出动态作品或动画序列图像。

【导出图像】如图 9-6 所示,【导出影片】如图 9-7 所示。在【保存类型】下列列表框中选择准备保存的类型,单击【保存】按钮即可导出动画文件。

图 9-6　图像导出步骤图

图 9-7　影片导出步骤图

9.4 发布影片

在将 Flash 动画优化并测试之后,确定动画没有错误,就可以按照要求发布 Flash 动画,以便于推广和传播。可以将 Flash 影片发布成多种格式,而在发布之前需要进行必要的发布设置,定义发布的格式以及相应的设置,以达到最佳效果。

执行【文件】|【发布设置】命令之后,在弹出的【发布设置】对话框中,可以一次性发布多种格式文件,且每种文件均保存为指定的发布设置,可以拥有不同的名字。

默认情况下,要发布的这些文件会发布到与源文件相同的位置。要更改文件的发布位置,单击文件名旁边的按钮,然后选择要发布文件的目标位置。

9.4.1 发布为 Flash 文件

执行【文件】|【发布设置】命令,打开相应的对话框,默认勾选的是 Flash(.swf)复选框、"HTML 包装器"。该面板中的选项功能如图 9-8 所示。

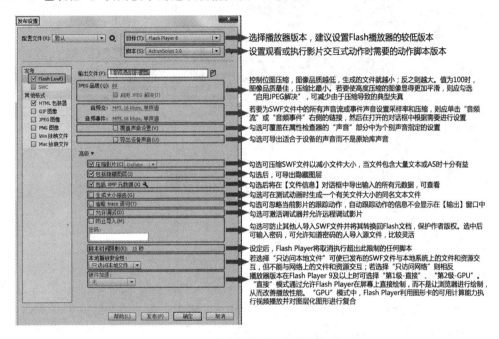

图 9-8 默认发布面板选项功能图

在【发布设置】面板中设置完毕之后,直接单击最下面的【发布】 发布(P) 按钮,便可在 FLA 源文件 的同一目录下发现发布好的 swf 文件。也可以在【发布设置】面板中设置完毕之后,单击【确定】按钮,然后执行【文件】|【发布】命令,便可在 FLA 源文件 的同一目录下发现发布好的 swf 文件。

9.4.2 发布为 HTML 文件

在 Web 浏览器中播放 Flash 内容需要一个能够激活 SWF 文件并指定浏览器设置的 HTML 文档。【发布】命令会根据模板文档中的 HTML 参数生成此文档。

执行【文件】|【发布设置】命令,在【发布设置】对话框中,默认勾选"HTML 包装器"复选框的情况下,选中 HTML 文件类型,其功能如图 9-9 所示。

- 图标 1"模板":可以是包含适当模板变量的任意文本文件,包括纯 HTML 文件、含有特殊解释程序代码的文件或是 Flash 附带的模板。若要手动输入 Flash 的 HTML 参数或自定义内置模板,使用 HTML 编辑器。HTML 参数确定内容出现在窗口中的位置、背景颜色、SWF 文件大小等等,并设置 object 和 embed 标记的属性。可以在【发布设置】对话框的【HTML 包装器】选项面板中更改这些设置和其他设置。更改这些设置会覆盖已在 SWF 文件中设置的选项。

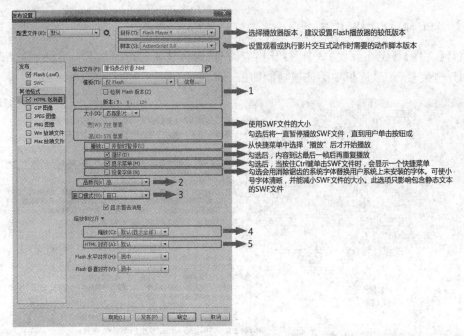

图 9-9　发布 HTML 文件类型功能图

- 图标 2"品质"：如图 9-10 所示。

"低"：是回放速度优先于外观，并且不使用消除锯齿功能。

"自动降低"：优先考虑速度，但是也会尽可能改善外观。回放开始时，消除锯齿功能处于关闭状态。如果 Flash Player 检测到处理器可以处理消除锯齿功能，就会自动打开该功能。

"自动升高"：在开始时是回放速度和外观两者并重，但在必要时会牺牲外观来保证回放速度。回放开始时，消除锯齿功能处于启用状态。如果实际帧频降到指定帧频之下，就会关闭消除锯齿功能以提高回放速度。若要模拟【视图】|【消除锯齿】命令，使用此设置。

"中"：会运用一些消除锯齿功能，但并不会平滑位图。选择"中"选项后生成的图像品质要高于"低"选项设置生成的图像品质，但低于"高"选项设置生成的图像品质。

"高"：使外观优先于回放速度，并始终使用消除锯齿功能。如果 SWF 文件不包含动画，则会对位图进行平滑处理。如果 SWF 文件包含动画，则不会对位图进行平滑处理。

"最佳"：提供最佳的显示品质，而不考虑回放速度。所有的输出都已消除锯齿，而且始终对位图进行平滑处理。

- 图标 3"窗口模式"：如图 9-11 所示。

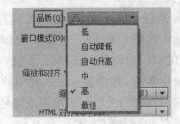

图 9-10　品质下拉框显示图

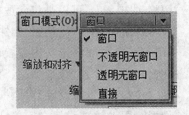

图 9-11　窗口模式下拉框显示图

"窗口"：默认情况下，不会在 object 和 embed 标签中嵌入任何窗口相关的属性。内容的背景不透明并使用 HTML 背景颜色。HTML 代码无法呈现在 Flash 内容的上方或者下方。

"不透明无窗口"：将 Flash 内容的背景设置为不透明，并遮蔽该内容下面的所有内容。使 HTML 内容显示在该内容的上方或上面。

"透明无窗口"：将 Flash 内容的背景设置为透明，使 HTML 内容显示在该内容的上方或下方。

"直接"：当使用直接窗口模式时，在 HTML 页面中，无法将其他非 SWF 图形放置在 SWF 文件的上面。一般在使用 Starling 框架时需要选择直接模式。它支持使用 Stage3D 的硬件加速内容。

- 图标 4"缩放"：如图 9-12 所示。

"默认"：在指定的区域显示整个文档，并且保持 SWF 文件的原始高宽比，而不发生扭曲。应用程序的两侧可能会显示边框。

"无边框"：对文档进行缩放以填充指定区域，并保持 SWF 文件的原始高宽比，同时不会发生扭曲，并根据需要裁剪 SWF 文件边缘。

"精确匹配"：在指定区域显示整个文档，但不保持原始高宽比，因此可能会发生扭曲。

"无缩放"：禁止文档在调整 Flash Player 窗口大小时进行缩放。

- 图标 5"HTML 对齐"：如图 9-13 所示。

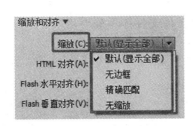

图 9-12　缩放下拉框显示图

图 9-13　HTML 对齐下拉框显示图

"默认"：使内容在浏览器窗口内居中显示，如果浏览器窗口小于应用程序，则会裁剪边缘。

"左"：将 SWF 文件与浏览器窗口的左边缘对齐，并根据需要裁剪其余的三边。

"右"：将 SWF 文件与浏览器窗口的右边缘对齐，并根据需要裁剪其余的三边。

"顶部"：将 SWF 文件与浏览器窗口的顶部对齐，并根据需要裁剪其余的三边。

"底部"：将 SWF 文件与浏览器窗口的底部对齐，并根据需要裁剪其余的三边。

在【发布设置】面板中设置完毕之后，直接单击最下面的【发布】 发布(P) 按钮，便可在 FLA 源文件 的同一目录下发现发布好的 HTML 文件。也可以在【发布设置】面板中设置完毕之后，单击【确定】按钮，然后执行【文件】|【发布】命令，便可在 FLA 源文件 的同

一目录下发现发布好的 HTML 文件。

9.4.3　发布为 EXE 文件

通过发布影片，可以使用户的影片在没有安装 Flash 应用程序的计算机上播放。执行【文件】|【发布设置】命令，打开【发布设置】面板，在【其他格式】其他格式 选项区中勾选【Win 放映文件】☑ Win 放映文件 复选框。然后单击最下面一排中的【发布】 发布(P) 按钮，便可在 FLA 源文件 的同一目录下发现发布好的文件 。

本 章 小 结

本章主要介绍了 Flash 动画的测试、优化影片、图像文件的优化、矢量图形的优化等方面的知识与技巧，同时还讲解了如何发布 Flash 动画、导出 Flash 动画、导出图像文件、导出影片文件等方法。此章的内容非常独立，可以在刚入门时就试一试动画输出与发布的操作。

习　　题

一、操作题

1. 根据本章学习的内容，试试导出图像文件。

2. 从制作完成的动画选择一个，输出和发布为不同类型的文件，体会各类型文件之间的区别。

3. 试试对制作完成的 Flash 动画文件进行优化，使文件体积最小化。

二、思考题

1. 测试场景与测试影片有何区别？

2. 输出影片与发布影片有何区别？

参 考 文 献

1. 刘源,罗林. Flash 二维动画设计与制作.北京：北京出版社,2008.
2. 祝海英,李京泽. Flash 二维动画制作.北京：北京交通大学出版社,2011.
3. 余丹. Flash CS5 动画设计经典 100 例.北京：中国电力出版社,2012.
4. 姜东洋,林晓庆,孙颖. Flash CS 动画制作基础.北京：清华大学出版社,北京交通大学出版社,2013.
5. 唐国纯,朱丽娟. Flash CS5 精品动画设计与制作.北京：中国传媒大学出版社,2012.
6. 温俊芹. Flash CS3 动画制作基础与案例教程.北京：北京理工大学出版社,2012.
7. 刘进军,肖建芳,丰伟刚. Flash 二维动画制作.北京：清华大学出版社,2009.
8. 何武超,黄华丰. Flash 动画设计与制作项目化教程.青岛：中国海洋大学出版社,2010.

教 学 资 源 支 持

敬爱的教师：

感谢您一直以来对清华版计算机教材的支持和爱护。为了配合本课程的教学需要，本教材配有配套的电子教案（素材），有需求的教师请到清华大学出版社主页（http://www.tup.com.cn）上查询和下载，也可以拨打电话或发送电子邮件咨询。

如果您在使用本教材的过程中遇到了什么问题，或者有相关教材出版计划，也请您发邮件告诉我们，以便我们更好地为您服务。

我们的联系方式：

地　　址：北京海淀区双清路学研大厦 A 座 707

邮　　编：100084

电　　话：010－62770175－4604

课件下载：http://www.tup.com.cn

电子邮件：weijj@tup.tsinghua.edu.cn

教师交流 QQ 群：136490705

教师服务微信：itbook8

教师服务 QQ：883604

（申请加入时，请写明您的学校名称和姓名）

用微信扫一扫右边的二维码，即可关注计算机教材公众号。

扫一扫
课件下载、样书申请
教材推荐、技术交流